# 脉冲涡流缺陷检测技术

王长龙　朱红运　张玉华
马晓琳　李永科　孙晓云　著

科学出版社

北京

# 内 容 简 介

本书介绍了脉冲涡流检测的原理,建立了任意 $n$ 层层叠导体结构脉冲涡流检测的电磁场理论模型,提出了一种采用级数表达式结合快速傅里叶变换计算脉冲涡流响应信号的方法;设计了一种圆台状差分传感器方案,并根据电磁波反射与透射理论建立了该传感器的磁场解析模型;采用奇异值分解原理对脉冲涡流检测信号进行了降噪,有效提高了原始检测信号的信噪比;分析了激励线圈时间常数、被测试件电导率、激励信号幅值及提离等因素变化对脉冲涡流检测结果的影响规律,为提高脉冲涡流检测系统的性能提供了理论指导;通过分析缺陷检测信号谐波系数随缺陷尺寸变化的规律,探讨了缺陷检测信号的解析计算方法;论述了基于不变函数的脉冲涡流缺陷二维轮廓重构方法,采用径向基神经网络构造了用于重构缺陷轮廓的不变函数,建立了由检测信号到缺陷二维轮廓一一对应的非线性映射关系模型,实现了不同检测条件下缺陷二维轮廓的准确重构。

本书适合于航天、装备保障、机械、电力、化工等领域从事无损检测的研究人员阅读,也可供高等院校无损检测专业的研究生及教师参考。

**图书在版编目(CIP)数据**

脉冲涡流缺陷检测技术 / 王长龙等著. —北京:科学出版社,2019.9
ISBN 978-7-03-062087-3

Ⅰ. ①脉… Ⅱ. ①王… Ⅲ. ①涡流检验 Ⅳ. ①TG115.28

中国版本图书馆 CIP 数据核字(2019)第 179708 号

责任编辑:王 哲 / 责任校对:杨聪敏
责任印制:吴兆东 / 封面设计:迷底书装

科学出版社 出版
北京东黄城根北街 16 号
邮政编码:100717
http://www.sciencep.com

北京中石油彩色印刷有限责任公司 印刷
科学出版社发行 各地新华书店经销

*

2019 年 9 月第 一 版  开本:720×1000 1/16
2019 年 9 月第一次印刷  印张:10 1/4 插页:3
字数:200 000

定价:**78.00 元**
(如有印装质量问题,我社负责调换)

# 前　言

　　无损检测方法是在不损害或基本不损害材料或成品的情况下，采用物理或化学等方法和手段，探测被测对象内部或表面是否存在裂纹等缺陷及某些物理性能。在众多的无损检测方法中，涡流检测具有检测系统成本低、操作简单、对被测对象表面情况要求低及对人体无辐射危害等优点，是一种检测速度快、适合大规模检测的无损检测方法，其已在部队武器装备特别是航空材料缺陷检测领域得到了广泛应用。

　　随着理论及科学技术水平的发展，人们对涡流检测技术也进行了不断的改进和完善，近年来，作为涡流检测技术的一个新兴分支——脉冲涡流检测（Pulsed Eddy Current Testing, PECT）技术得到了越来越多的关注。脉冲涡流检测技术的激励为矩形脉冲信号，由于矩形脉冲信号的频谱较丰富，因而与采用正弦波信号作为激励的传统涡流检测技术相比，该技术检测信号中包含了更多的频域信息，具有更强的深层缺陷检测能力。此外，脉冲涡流检测技术易实现检测仪器的小型化，且灵敏度高，特别适合部队装备的现场检测，尤其是其具有非接触检测的优点，使得该技术非常适合武器装备覆盖层下的金属结构缺陷检测，不仅能降低因先拆卸后检测而增加的成本，而且能提高检测效率。

　　在采用脉冲涡流技术检测时，准确地重构被测缺陷的轮廓可为评估被测对象剩余寿命、确保武器装备安全运行提供可靠依据，因此，对脉冲涡流缺陷轮廓重构技术进行研究，在理论和工程应用中都具有很重要的意义。鉴于此，本书紧密结合脉冲涡流检测技术的国内外研究现状，分别介绍了传感器设计、信号预处理、检测影响因素分析、缺陷信号计算及缺陷二维轮廓重构等重要内容。

　　全书共分 8 章。第 1 章介绍了脉冲涡流检测的重要意义，分类阐述了国内外研究动态，概括了本书的基本框架和主要内容。第 2 章阐述了涡流产生机理及电磁场基本理论，介绍了脉冲涡流检测的原理，探讨了脉冲涡流差分传感器检测信号的特征。第 3 章介绍了一种多层层叠导体脉冲涡流检测瞬态响应信号的计算方法，为脉冲涡流检测信号的理论解释及其逆问题研究奠定基础。第 4 章介绍了一种圆台状脉冲涡流差分传感器的设计方案，根据电磁波反射与透射理论建立了该圆台状差分传感器的磁场解析模型，确定了传感器的最优结构。第 5 章介绍了基于奇异值分解原理的脉冲涡流检测信号降噪方法。将负熵作为降噪效果的评估参数，确定了降噪过程中所构造矩阵的最优维数及奇异值阈值，采用 Savitzky-Golay 滤波器对奇异值进行了平滑滤波处理。第 6 章分析了脉冲涡流检测的影响因素，建立了缺陷检测的有限元模型，采用仿真与实验相结合的方法分别研究了激励线圈时间常数、被测试件电导率、激励信号幅值及提离等因素变化对检测结果的影响规律。第 7 章介绍了一种圆台状差分传感器缺陷检测信号的解析计算方法，分析了缺陷对检测信号特征影响的机理，研究了缺陷检测信号谐波系数随缺陷尺寸变化的规律，实现了缺陷时域差分检测信号的解析计算。第 8 章介绍了基于不变函数的脉冲涡流缺陷二维轮廓重构方法。采用径向基神经网络构造了用于重构缺陷二维轮廓的不变函数，建立了由检测信号到缺陷二维轮廓——对应的非线性映射关系模型，实现了不同检测条件下缺陷二维轮廓的准确重构。

作者根据长期对脉冲涡流无损检测技术研究的经验和成果撰写了本书，王长龙、朱红运撰写了第 1、4、6、7、8 章，张玉华撰写了第 3 章，马晓琳、李永科撰写了第 5 章，孙晓云撰写了第 2 章。本书的研究内容得到国家自然科学基金项目（项目编号：51307183）和河北省自然科学基金项目（项目编号：E2013506014）的资助，在撰写过程中得到了陆军工程大学石家庄校区和石家庄铁道大学同事们的支持和帮助，在此一并深表谢意。

由于作者经验和水平有限，本书内容难免存在不妥之处，衷心希望广大读者提出宝贵意见和建议。

作　者

2019 年 7 月

# 目　　录

彩图

# 第1章 绪 论

## 1.1 概 述

在各种军用、民用设备建设向着机械化、信息化高层次快速发展的今天，随着计算机技术、自动化技术的广泛应用，各部门之间关联紧密，相互渗透，由于装备存在缺陷而产生的事故往往会带来更为严重，甚至无法估计的后果。因此在各种新设备以及军事装备的试验、生产、储运、验收及最后的使用等过程中必须进行无损检测，以便判断其现有的质量状态，尽可能消除事故隐患。对于工作在恶劣环境下的各种设备及武器装备，也应定期对其关键部位进行检测，防患于未然，保持其应有的性能。可见，无损检测已是当前军用、民用装备技术保障中不可或缺的重要部分。

无损检测是采用物理和化学的方法，对被测对象表面或内部结构缺陷及其状态特征进行检测的一门综合性、应用性学科，即利用被测对象存在缺陷和状态异常时引起的热、声、光、电、磁等反应的变化，评估被测对象的缺陷和状态特征，且在检测过程中不破坏被测对象内部结构和实用性能。现代无损检测还包括了对被测对象其他性能的检测(材料的组成成分、显微组织、内应力等)。目前，无损检测技术已在部队装备的设计、实验、生产制造、检验验收、运行使用等各个阶段得到应用，其对控制和改进装备质量、保证装备的可靠性起着关键性作用，已经成为检验部队装备质量、保证装备安全、延长装备寿命不可或缺的可靠技术手段，因此，无损检测技术的发展状况不仅能反映一个国家的科学技术和基础工业水平，更能反映其军事装备的发展水平。

进入 21 世纪后，无损检测方法也愈来愈多，当前已有上百种无损检测方法，每种检测方法都有各自的适用领域和优缺点，而最常用的主要还是磁粉(Magnetic Particle)检测、射线(Radiographic)检测、超声(Ultrasonic)检测、渗透(Penetrant)检测和涡流(Eddy Current)检测这五种方法；此外还有声发射(Acoustic Emission)检测、红外(Infrared)检测和激光(Laser)检测等方法也比较常用。目前 95%以上的无损检测工作是采用上述八种方法完成的。在众多的无损检测方法中，涡流检测具有检测系统成本低、操作简单、对被测对象表面情况要求低及对人体无辐射危害等优点，是一种检测速度快、适合大规模检测的无损检测方法，其已在部队武器装备特别是航空材料缺陷检测领域得到了广泛应用[1]。随着理论及科学技术水平的发展，人们对涡流检测技术也进行了不断的改进和完善，近年来，作为涡流检测技术的一个新兴分支——脉冲涡流检测（PECT）技术已得到了越来越多的关注。脉冲涡流检测技术的激励为矩形脉冲信号，由于矩形脉冲信号的频谱较丰富，因而与采用正弦波信号作为激励的传统涡流检测技术相比，该技术检测信号中包含了更多的频域信息，具有更强的深层缺陷检测能力。此外，脉冲涡流检测技术易实现检测仪器的小型化，且灵敏度高，特别适合部队装备的现场检测，尤其是其具有非接触检测的优点，使得该技术非常适合武器装备覆盖层下的金属结构缺陷检测，不仅能降低因先拆卸后检测而增加的成本，而且能提高检测效率。因此，对脉冲涡流无损检测技术进行深入研究，可以大大提高我军武器装备机械类缺陷检测技术水平，为装备维修保障提供重要的技术支持，对于完成部队科研试验，确保装备安全运行和发挥战斗力具有重要意义。

准确地重构被测缺陷的轮廓可为评估装备剩余寿命、确保其安全运行提供可靠依据。为得到被测缺陷的参数，并准确重构缺陷轮廓，本书将紧密结合脉冲涡流检测技术的国内外研究现状，围绕传感器设计、信号预处理、检测影响因素分析、缺陷信号计算及缺陷二维轮廓重构等重要问题展开介绍，旨在促进脉冲涡流检测技术理论体系的进一步完善，推动该技术在军用装备检测领域的应用，为军用装备研制、生产、使用提供准确、可靠的依据；同时也为特种设备和重要金属部件的质量检验、寿命评估和安全性评价等方面奠定基础。

## 1.2　脉冲涡流无损检测技术研究现状

脉冲涡流无损检测技术最早起始于 20 世纪 50 年代，是由哥伦比亚密苏里大学的 Waidelich 等学者在传统涡流检测理论基础上提出的，到 70 年代中后期，该技术在世界范围内得到了广泛研究。由于脉冲涡流检测技术具有独特的优势，其已在航空航天及军事装备检测等领域得到了越来越多的应用，为促进该技术的进一步发展与应用，国内外许多学者、研究机构及科研院所已对其进行了大量的研究，并取得了一定的研究成果。下面分别从脉冲涡流检测技术的应用、理论计算、传感器研究、检测信号降噪及特征提取、缺陷定量化等方面对该技术的研究现状展开介绍。

### 1.2.1　脉冲涡流检测应用研究现状

脉冲涡流检测技术已在航空材料缺陷检测领域得到了广泛应用。目前，国内外许多学者及研究机构已采用该技术对飞机机械结构缺陷检测进行了研究,并取得了大量研究成果。

法国研究人员 Lebrun 等开发了一套脉冲涡流检测装置,并检测了飞机铆接结构附近的缺陷,在检测过程中该装置利用差分原理采用两个磁阻传感器作为检测元件,通过提取缺陷的差分检测信号提高了脉冲涡流检测的灵敏度;随后,他们在已有研究成果的基础上对该检测装置进行了改进,采用性能更加优异的霍尔传感器作为检测元件,并采用差分检测信号的峰值时间、峰值及特征频率作为特征量对飞机铆接结构附近缺陷的尺寸进行了分析[2]。

美国爱荷华大学的 Tai 等采用绝对式线圈设计了一套脉冲涡流检测系统,通过分析检测线圈中电流的变化对多层金属结构航空材料的电导率和厚度进行了测量;此外,爱荷华大学无损检测中心还采用脉冲涡流检测技术对飞机机身缺陷进行了检测,通过分析检测信号峰值及峰值时间特征对缺陷的深度及损伤程度进行了分析;随后,他们成功研制了用于检测飞机机械结构缺陷的脉冲涡流检测系统;目前,该系统逐渐向着高性能、便携式等方向发展,并逐步在航空领域得到了应用。另外,美国通用电气公司研究与发展中心采用脉冲涡流技术对腐蚀性缺陷检测进行了研究,分析了激励脉冲特征对检测结果的影响规律,并通过优化激励信号波形实现了腐蚀缺陷的成像检测;随后该公司推出了一款便携式脉冲涡流检测仪 "Pulsec",该检测仪采用阵列巨磁阻传感器作为检测元件,不仅具有较高的灵敏度,而且具有较高的检测效率,已被广泛应用于航空航天领域导电材料的缺陷检测[3]。

英国 QinetiQ 公司与澳大利亚航空和航海研究实验室合作于 2001 年开发了一套名为 "TRESCAN" 的脉冲涡流无损检测系统。该系统主要用于检测飞机机身结构中裂纹及腐蚀性缺陷,其检测元件为霍尔传感器,由于霍尔传感器比检测线圈具有更好的低频响应特性,因而该系统具有较强的深层缺陷检测能力,目前该系统已进入实用化阶段[4]。此外,英国纽卡斯尔大学的田贵云等不仅对飞机机身材料的缺陷检测进行了研究,而且还提出了一种集成脉冲涡流和电磁声波换能器(Electromagnetic Acoustic Transducer,EMAT)的检测方法,对铁磁性材料缺陷的检测进行了进一步探索,提高了铁磁性材料缺陷检测的灵敏度和可靠性[5]。

加拿大国防部飞行器研究中心的研究人员采用脉冲涡流技术对飞机多层金属结构中腐蚀缺陷进行了检测,通过研究发现在腐蚀缺陷不变的情况下,传感器提离不同时缺陷检测信号会相交于同一点,且该交叉点取决于传感器的参数和被测试件的电导率,与提离值无关,由此他们提出可以采用提离交叉点的方法消除提离效应对检测结果的影响,实现了不同提离情况下对飞机机身多层金属结构腐蚀缺陷的成像检测[6]。

　　此外，德国科学家在对脉冲涡流检测技术进行深入研究的基础上，采用高温超导量子干涉器设计了一种针对多层结构金属材料缺陷检测的系统，实现了多层结构金属材料中裂纹缺陷的准确检测[7]。

　　目前，我国也已采用脉冲涡流技术对飞机机械结构缺陷的检测展开了广泛研究。如国防科技大学何赟泽等采用脉冲涡流技术对飞机铆接结构及飞机多层金属结构的缺陷进行了检测，有力促进了该技术在我国航空领域的应用[8]；南京航空大学周德强等将脉冲涡流检测技术应用于航空铝合金材料的缺陷及应力检测，指出脉冲涡流差分检测信号的峰值与试件表面缺陷的深度呈线性相关关系，且通过分析检测信号峰值与加载应力的关系，发现差分检测信号的峰值特征还可用于评估应力大小及被测材料的电导率[9]；此外，还有一些院校如南昌航空大学、空军工程大学等采用脉冲涡流检测技术不仅对航空铝及铝合金材料，而且还对铁磁性材料的缺陷检测进行了研究和探索，并取得了一定的研究成果[10]。

## 1.2.2　脉冲涡流检测理论研究现状

　　脉冲涡流无损检测技术的理论研究是在传统涡流检测理论基础上发展起来的，早在先进的高性能计算机出现以前，Forster 就提出采用复平面阻抗分析法建立涡流检测的解析模型，此时的研究工作主要是求得检测探头阻抗的解析解。而后在 1968 年，Dodd 和 Deeds 开创性地建立了两层导体平板上方放置式线圈及无限长两层导体棒外围缠绕式线圈磁场的解析模型，推导了线圈阻抗的积分表达式，为此后不同条件下涡流检测问题磁场的求解奠定了理论基础。然而，Dodd 和 Deeds 等建立的模型主要用于求解两层导体检测线圈阻抗的解析解，当被测导体层数较多时，求解会变得非常困难，为此 Cheng 采用矩阵法将该模型推广到了任意层导体的求解。此后，许多学者将 Dodd 和 Deeds 建立的模型及矩阵法应用于不同条件下涡流检测问题的求解。如希腊学者 Theodoulidis 为解决 Dodd-Deeds 模型中 Bessel 函数二重积分较难的问题，采用偏微分方程特征函数展开式法对模型中涡流响应进行了计算，通过把 Dodd-Deeds 模型中无限大求解空间截断为多个有限半径的圆柱体，并采用无穷级数方法代替原计算过程中的二重积分，得到了用无穷级数表达的线圈阻抗解析解。Theodoulidis 提出的求解方法不仅具有较快的计算速度，而且可通过调节求解区域大小及级数求和项的个数控制计算精度，该方法拓宽了涡流检测解析建模的范围。

　　脉冲涡流检测建模理论沿袭了传统涡流检测的建模理论，其求解方法主要有解析法和数值法。

　　1) 脉冲涡流的解析计算方法

　　解析法就是直接求解在一定边界条件下根据电磁场理论建立的各种数学表达

式的数学解，理论价值大，计算比较简单，具有一定的普适性，较适用于被测对象几何形状比较规则时电磁场问题的建模与求解。在解析法求解方面，Bowler 等采用拉普拉斯变换方法对无限大导体上方检测线圈感应电压的频域解进行了计算，并分析了阶跃电流与指数电流分别作用下检测线圈感应电压的时域响应特征，给出了其封闭形式的积分运算表达式[11]；而后 Theodoulidis 在 Bowler 所提拉普拉斯变换求解方法的基础上，对平面导电材料进行了研究，通过求解平面导体反射系数表达式的极点提出了一种简单快速的脉冲涡流瞬时响应信号计算方法，并分析了响应信号计算速度受指数激励信号时间常数影响的规律[12]。此外，还有许多学者采用傅里叶变换方法对脉冲涡流检测问题进行了求解，如 Pavo 采用傅里叶变换理论计算了多层结构金属导体中存在缺陷时脉冲涡流的响应信号，成功解决了多层结构导体中缺陷所导致的材料非均匀性脉冲涡流瞬时响应计算问题[13]；Haan 等在分析被测导体几何参数及属性对电磁波传播影响规律的基础上，采用傅里叶理论对导体反射系数进行了计算，并得到了有限厚导体上方检测线圈的感应电压[14]。国内范孟豹等根据电磁波反射与透射理论建立了无限厚导体的脉冲涡流检测模型，得到了检测模型中任意位置磁场的解析表达式，并通过在计算中引入符号运算法大大减小了计算量，提高了计算效率；而后他还采用分离变量法建立了金属管道的涡流检测解析模型，求解并分析了不同条件下检测线圈阻抗的变化规律[15]；李勇等采用傅里叶变换方法求得了多层结构导体上方磁场的频域表达式，而后经傅里叶逆变换得到了时域检测信号，并在此基础上研究了提离效应对检测的影响，分析了提离交叉点随提离值变化的规律[16]；解社娟等采用傅里叶变换方法将脉冲激励信号展开为不同频率谐波的组合，而后求得了单位振幅谐波激励作用下的检测信号，最后通过求各谐波作用结果的和得到了最终的脉冲涡流检测信号[17]；黄琛等在深入分析传统涡流环模型理论的基础上，提出了一种多涡流环耦合的脉冲涡流检测模型，并根据谐波分解原理采用等效方法得到了无限厚导体脉冲涡流检测信号的解析表达式，研究分析了理论计算信号与实际检测信号的特征差异[18]；陈兴乐等采用二阶矢量位法研究了金属管道内非轴对称涡流场的计算问题，给出了激励线圈在三种典型放置方式下系数的表达式，并采用拉普拉斯变换方法求得到了检测线圈感应电压及管道内涡流密度分布的时域解析解，分析了激励线圈在不同放置方式下管道内涡流分布和扩散的过程[19]。

2) 脉冲涡流的数值计算方法

脉冲涡流的解析计算方法虽然具有速度快、求解简单、理论价值大等优点，然而该方法较适用于被测对象几何形状比较规则时电磁场问题的求解，复杂边界条件下磁场问题的求解则需要采用数值法。常用的数值法主要有有限分析元法、有限差分法、边界元法及矩量法等，目前，国内外许多学者已采用数值法对脉冲涡流检测问题进行了研究。

在检测平面导体方面，Ludwig 等建立了平面导体检测的有限元计算模型，分析了导体中磁矢势和涡流的分布[20]；随后，Dai 等在此基础上研究了边界条件更加复杂情况下磁场的求解问题，并通过采用有限元和有限差分相结合的方法对模型进行了计算，求得了试件中涡流的分布情况，分析了涡流分布随试件电导率、磁导率和提离值变化的规律[21]；Shin 等采用有限元方法计算了平面导体上方检测线圈的感应电压信号，分析了检测信号峰值及峰值时间特征与导体厚度之间的关系[22]；此外，还有许多学者采用数值法针对缺陷检测问题进行了研究，Bowler 等建立了无限大平面导体下表面缺陷的检测模型，并采用边界元法进行了求解计算[23]；随后 Fu 等在此基础上进一步对有限厚平面导体及有限长圆柱形导体的缺陷检测信号进行了求解计算[24]；Le 等建立了管道缺陷检测的有限元模型，分析了缺陷附近感应涡流的分布规律[25]。国内幸玲玲采用有限元-边界元耦合法研究了有限厚平面导体在含有窄裂缝情况时其内部时域瞬态涡流场的分布问题[26]；丁克勤等建立了管道腐蚀缺陷脉冲涡流检测的有限元模型，分析了激励脉冲信号频率对检测信号的影响规律[27]；付跃文等建立了带包覆层铁磁性管道腐蚀缺陷检测的有限元模型，分析了不同激励线圈作用下磁场及感应涡流的分布情况，并对影响缺陷检测灵敏度的因素进行了研究[28]；周德强等采用有限元法仿真分析了铁磁性构件电导率、磁导率及激励电流对脉冲涡流响应的影响，研究了平面导体试件缺陷检测信号峰值特征随缺陷参数变化的规律[29]。

随着 COMSOL、ANSYS 等数值仿真分析软件的发展，研究人员无须掌握数值法的具体计算理论即可实现对脉冲涡流检测模型的求解，因而数值法在脉冲涡流检测模型求解计算中已得到了越来越多的应用。

数值法虽然能求解复杂边界条件下的磁场，但相比于解析法，该方法求解过程较复杂、计算量大。由此可知，数值法和解析法各有其适用领域及优缺点，在对脉冲涡流检测问题进行求解时，应根据实际求解问题的特点合理选择计算方法。

## 1.2.3　传感器研究现状

在脉冲涡流无损检测中，传感器用于产生激励磁场并提取检测信号，其结构和参数直接影响着检测系统的性能。

脉冲涡流传感器主要包括激励线圈和检测单元两部分，激励线圈通常为圆柱形线圈，而检测单元主要有感应接收线圈、霍尔元件、磁通门、巨磁阻（Gaint Magnetoresistance，GMR）元件、超导量子干涉器件（Superconducting Quantum Interference Device，SQUID）和原子磁力仪等。其中，超导量子干涉器件和原子磁力仪具有最灵敏的测量性能，能检测导体深层的微小缺陷，但由于这些元件使用成本高且检测系统也较复杂，因而在实际工程检测中应用较少；另外，磁通门也具有较高的灵敏度，但是该元件存在体积大、响应速度慢的问题。目前，应用较为广泛的检测单元是感应线圈、霍尔元件和巨磁阻元件。

感应线圈测量的是磁感应强度的变化率，能够测量的磁场动态范围较大，但其在低频时灵敏度较低。与感应线圈相比，巨磁阻元件和霍尔元件能直接测量磁场强度值的变化，具有较高的灵敏度，且在低频时仍具有良好的响应能力；其中巨磁阻元件工作频率高且具有较好的抗噪声干扰性能，对微小缺陷具有较强的检测能力，因而非常适用于检测导体的微小缺陷；而霍尔元件的磁场测量范围较巨磁阻元件大，较适用于强磁场下的深层缺陷检测。

按检测单元工作方式的不同，脉冲涡流传感器可分为绝对式、差分式和阵列式。绝对式传感器采用一个检测元件接收信号；差分式传感器则采用两个检测元件接收信号，通过求两个检测信号的差最终输出差分信号；阵列式传感器则采用以阵列形式排列的多个磁敏元件进行检测，该传感器具有检测速度快、检测信息丰富等优点，并可通过引入多传感器信息融合技术实现缺陷的成像检测。

在工程应用中，脉冲涡流传感器常用的激励线圈为圆柱形线圈。近年来，为提高脉冲涡流传感器的缺陷检测能力，研究人员在常用圆柱形激励线圈基础上，设计出了一些新型结构的传感器。如 Park 等提出了一种双 D 形传感器，该传感器通过采用两个 D 形激励线圈增强激励磁场的方法提高了脉冲涡流技术检测不锈钢表面微小缺陷的能力[30]；Ditchburn 等对比分析了圆柱形传感器、正方形传感器和矩形传感器的检测效果，指出在相同条件下圆柱形传感器和正方形传感器的检测性能相类似，而矩形传感器却具有独特的优势[31]；国内国防科技大学何赟泽等也对矩形传感器进行了研究，指出在矩形激励线圈作用下，感应涡流在被测试件中的流动方向一致，且渗透深度更深，因而该传感器具有更强的深层缺陷检测能力[32]。此外，还有一些新型结构线圈被用于脉冲涡流传感器的设计，如椭圆形线圈、矩形螺旋线圈、"8"字形线圈等。

然而，在采用脉冲涡流技术检测缺陷时，传感器得到的信号通常不仅会包含缺陷信息，也会包含被测试件的属性信息。为准确得到被测缺陷参数，应使检测信号中包含缺陷信息的同时尽可能减少其他信息的影响，因此，研究设计结构更优的传感器，降低被测试件属性信息的影响，对提高脉冲涡流传感器的缺陷检测能力具有重要意义。

## 1.2.4 检测信号降噪与特征提取研究现状

采用脉冲涡流技术检测时，由于受被测试件表面情况、环境磁场及系统噪声等因素的影响，检测信号会受到噪声的干扰，若不对原始脉冲涡流检测信号进行降噪处理，噪声的存在将严重影响检测结果的正确性。为得到能准确反映缺陷参数的脉冲涡流检测信号，必须首先对原始检测信号进行降噪处理，以提高检测信号的信噪比。

目前，常用的脉冲涡流检测信号降噪方法主要有小波分解、中值滤波等，这些方法能够有效抑制噪声干扰，提高脉冲涡流检测信号的可识别性，进而可提高缺陷检测的准确性。为抑制噪声干扰提高脉冲涡流检测信号的信噪比，Yang 等提出了一种基于匹配跟踪(Matching Pursuit，MP)的小波分解降噪方法，该方法首先确定了检测信号中噪声的强度，而后通过对噪声强度加权平均完成了对特征量数据的估计，有效降低了噪声对信号特征的影响[33]；周德强等采用小波分解方法有效地降低了检测信号中的噪声，为缺陷的可靠检测与精确表征提供了保证[34]。然而，在采用小波分解方法进行降噪时，降噪效果会受阈值函数的影响，因而为提高降噪性能，在进行降噪时还需对阈值函数展开研究和讨论。黄琛等提出了一种双对数域中值滤波算法，并将该算法与传统笛卡儿域中值滤波算法进行了比较，结果表明，双对数域中值滤波算法更适合大动态范围信号的降噪，该算法对铁磁性材料脉冲涡流检测信号具有较好的降噪效果[35]；然而，当原始检测信号的信噪比较低时，该方法的降噪效果会受到影响。奇异值分解降噪方法作为一种非线性滤波法可有效降低信号中的噪声，近年来，该方法已在信号降噪领域得到了广泛应用，因此，可考虑将奇异值分解降噪方法应用于脉冲涡流检测信号的降噪，以提高脉冲涡流信号的信噪比。

脉冲涡流检测信号是随时间变化的感应电压或磁场信号，然而，常用的检测信号时域特征(峰值、峰值时间、过零时间等)还无法完全体现检测信号中蕴藏的丰富信息，这严重阻碍了该技术的进一步发展和应用。准确提取能够表征缺陷参数的信号特征不仅有利于加深对脉冲涡流检测信号的理解，同时也能丰富信号解释的方式，为此国内外许多学者已尝试采用不同的信号处理手段对脉冲涡流检测信号进行处理，以提取信号中能准确表征被测缺陷的时频域特征。

英国纽卡斯尔大学的田贵云等通过将缺陷检测信号与无缺陷时检测信号做差分处理，提出了一种称为时间上升点的特征量，并采用该特征对试件表面裂纹、近表面裂纹及腐蚀缺陷进行了分类和识别。该方法的主要原理是当试件中存在缺陷时，感应涡流的分布会受缺陷的影响，进而会影响差分检测信号的上升点，因而通过分析差分检测信号上升点出现的时间就可以得到相关缺陷的信息；Chen 等采用主成分分析(Principal Components Analysis，PCA)法对缺陷检测信号进行了处理，提取了能够表征缺陷的主成分特征，并分别采用时域信号和主成分特征对不同缺陷进行了分类，通过分析发现，采用主成分分析法提取的特征，不仅具有较小的维数，而且包含了丰富的缺陷信息[36]。主成分分析算法可将多个变量通过线性变换方式转换为较少个重要变量，从而有效提取原始变量的特征，目前，该算法已在脉冲涡流检测信号特征提取领域得到了广泛应用。以上学者提取的均是信号的时域特征，而脉冲涡流检测信号的频域也包含了丰富的信息，采用现代信号处理手段准确提取信号的频域特征也是脉冲涡流检测技术研究的重点。在 1999 年，法国学者 Clauzon 比较了不同脉冲涡流缺陷检测信号的幅值谱和相位谱，证明了脉冲涡流检测信号的频域特征可用于评估缺陷[37]；Hosseini 对不同缺陷的检测信号进行了 Rihaczek 变换，分析了缺陷检测信号的时频分布特征，然而检测信号经变换后为时频分布矩阵，数据量较大不利于后期的处理，为此他采用主成分分析法进一步提取了时频分布矩阵的主成分特征，并通过缺陷分类实验验证了所提特征的有效性[38]；国内国防科技大学潘孟春等对试件表面与下表面缺陷检测信号的频谱进行了分析，提取了能够表征缺陷类型的频率点幅值特征，并用该特征对缺陷进行了分类[39]；周德强等对脉冲涡流差分检测信号进行了傅里叶变换，并通过分析频谱幅值随缺陷参数变化的规律，指出缺陷检测信号基频及高次谐波分量的幅值与缺陷深度成线性相关关系，且所有谐波分量的幅值均包含了一定的缺陷信息[40]。田书林等求得了不同缺陷及不同厚度试件检测信号的频谱，通过分析发现检测信号频谱的过零点能反映被测缺陷及试件厚度的信息，随着缺陷深度及试件厚度的变化，信号频谱的过零点会以一定的非线性规律改变[41]。

## 1.2.5　缺陷定量化研究现状

缺陷定量化一直以来就是无损检测领域研究的热点之一。在采用脉冲涡流技术检测缺陷时，对缺陷进行定量分析可为准确评估被测试件的可靠性提供重要依据，因而研究脉冲涡流检测的缺陷定量化问题对促进该技术的发展和应用具有重要意义。

目前，国内外学者已对脉冲涡流检测的缺陷定量化问题展开了广泛的研究，如 Lebrun 等采用信号峰值、峰值时间及特征频率等特征对飞机铆接结构缺陷进行了定量分析，指出峰值、峰值时间和特征频率分别是定量分析缺陷深度、宽度和长度的有效特征[2]；Smith 等研究了老龄飞机机械结构中不同深度缺陷检测信号的峰值时间特征，通过分析发现峰值时间与缺陷深度成二次函数相关关系，可使用峰值时间特征对缺陷深度进行定量分析[42]；徐志远等采用峰值时间特征对铁磁性管道中腐蚀引起的壁厚减薄情况进行了定量评估，指出当壁厚减薄量小于 60%时，差分信号的峰值时间与壁厚成线性相关关系，此时可用峰值时间特征对管道壁厚进行定量评估，而当壁厚减薄量大于 60%时，采用该方法定量评估的结果会存在一定的误差[43]；周德强等首先采用脉冲涡流差分检测信号的峰值特征确定了表面缺陷、亚表面缺陷和腐蚀缺陷的位置，而后采用峰值及峰值时间特征对三种缺陷的深度进行了定量分析[40]。此外，也有学者通过设计新型的传感器实现了缺陷的定量检测，如国防科技大学何赟泽等设计了一种新型的矩形传感器，该传感器能够检测磁场的三维分量，通过对检测信号特征进行分析可评估缺陷的长度、深度等参数，实现了对缺陷的定量检测[32]。

随着计算机及图像处理技术的发展，人们不再满足于对缺陷进行定量检测，还要求将缺陷的分布情况转换为可以直接感受的图形或图像形式，实现缺陷的可视化。而准确地得到缺陷轮廓能直观反映缺陷形状，因此，近年来越来越多的学者对脉冲涡流检测的缺陷轮廓重构技术进行了研究。

Gabriel 等首先建立了脉冲涡流缺陷检测模型，并采用有限元-边界元算法求得了不同缺陷的检测信号，而后通过对神经网络训练建立了检测信号与缺陷轮廓对应的映射关系模型，实现了缺陷二维轮廓的重构[44]；随后他在此基础上又采用非线性积分算法求得了不同缺陷的检测信号，并采用神经网络对缺陷轮廓进行了重构，进一步提高了缺陷检测信号的求解速度和缺陷轮廓重构的精度；Ivaylo 等采用径向基神经网络研究了脉冲涡流缺陷的重构问题，准确得到了缺陷的宽度及深度信息[45]；为进一步提高神经网络法对缺陷轮廓重构的精度，钱苏敏等采用改进粒子群算法对神经网络的参数进行了优化[46]；白利兵等通过构造变换矩阵建立了脉冲涡流检测信号与缺陷二维轮廓对应的非线性映射关系模型，实现了缺陷轮廓的快速重构，并通过分析信号特征对重构精度的影响，发现当把信号频域各谐波虚部系数作为映射模型的输入特征时缺陷轮廓重构的精度最高[47]；王丽等将脉冲涡流检测信号分解为多个频率的谐波信号，而后根据趋肤效应原理采用不同谐波信号对缺陷进行了分析，得到了深层腐蚀性缺陷的轮廓[48]；解社娟等提出了一种混合缺陷重构方法，该方法首先采用人工神经网络建立了检测信号与缺陷参数的映射关系模型，而后采用变梯度算法对神经网络得到的缺陷深度及宽度参数进行了修正，从而进一步提高了缺陷重构的精度[49]。

随着科技的发展，各行业对于安全的要求均非常严格，特别是航空航天、武器装备检测等领域对于安全的要求更加严格，采用脉冲涡流技术检测时，准确地得到缺陷的轮廓可为保证航空航天设备及武器装备安全运行提供重要的技术支持。然而，当检测条件(如提离、被测试件属性)改变时，相同尺寸缺陷的检测信号特征会存在一定的差异，这必然会对缺陷轮廓重构的精度造成一定的影响。因而，探索新的缺陷轮廓重构方法，并在降低检测条件变化影响的情况下准确重构缺陷轮廓已经成为脉冲涡流无损检测技术必然的研究趋势。

## 1.3 本书主要内容及重点

本书针对脉冲涡流检测技术的国内外研究现状及发展趋势，结合部队科研试验和武器装备保障任务的要求，设计了一种缺陷检测能力更强的脉冲涡流差分传感器，分析了脉冲涡流检测的影响因素，采用解析法计算求解了缺陷检测信号，通过构造不变函数实现了不同检测条件下脉冲涡流缺陷二维轮廓的准确重构。

第 1 章介绍研究背景及意义，对脉冲涡流检测技术的研究现状进行分类回顾，分析脉冲涡流检测技术的发展趋势。

第 2 章阐述涡流产生机理及电磁场基本理论，详细介绍脉冲涡流检测的原理，分析涡流的趋肤效应，并详细探讨脉冲涡流差分传感器检测信号的特征。

第 3 章介绍一种多层层叠导体脉冲涡流检测瞬态响应信号的计算方法。将待测对象由单层有限厚导体扩充到任意 $n$ 层层叠导体结构，采用矢量磁位 $A$ 推导得到 $n$ 层导体对涡流探头的反射系数，将之归纳为 $n$ 个子矩阵相乘的形式，并进一步导出了 $n$ 层导体结构所产生的反射磁场和检测线圈感应电压的级数表达式，结合快速傅里叶变换法计算求解，并与有限元时步法的结果进行了对比分析，表明级数展开结合快速傅里叶变换法是一种更快速有效地求解多层导体结构瞬态涡流场的计算方法。

第 4 章介绍圆台状脉冲涡流差分传感器的设计方法。介绍一种圆台状脉冲涡流差分传感器的设计方案，通过建立该圆台状差分传感器的磁场解析模型，分析传感器结构与差分检测信号特征之间的关系，最后确定圆台状差分传感器的最优结构。结果表明，与传统圆柱形差分传感器相比，圆台状差分传感器不仅具有较强的缺陷检测能力，而且具有较强的抗提离干扰能力。

第 5 章介绍脉冲涡流检测信号的降噪处理方法。采用奇异值分解理论对脉冲涡流检测信号进行降噪处理，首先分析检测信号负熵随信噪比变化的规律，而后通过将负熵作为降噪效果的评估参数，确定降噪过程中所构造矩阵的最优维数及奇异值阈值，最后通过采用 Savitzky-Golay 滤波器对奇异值进行平滑滤波处理进一步提高了降噪效果。结果表明，所提出的降噪方法能较好地降低脉冲涡流信号中的噪声干扰，提高信号的信噪比，是一种有效可行的脉冲涡流信号降噪方法。

第 6 章分析脉冲涡流检测的影响因素。对影响脉冲涡流检测信号特征的因素进行研究，系统分析激励线圈时间常数、被测试件电导率、激励信号幅值及提离变化对圆台状差分传感器缺陷检测能力的影响，为提高脉冲涡流检测系统的性能提供理论指导。

第 7 章介绍一种缺陷检测信号的解析计算方法。研究脉冲涡流检测信号时域特征随缺陷参数变化的规律，分析缺陷对检测信号特征影响的机理，而后研究缺陷检测信号谐波系数随缺陷尺寸变化的规律，求得任意缺陷检测信号傅里叶变换系数的通用表达式，最后经傅里叶逆变换实现缺陷差分检测信号的解析计算。结果表明，所介绍的缺陷检测信号解析计算方法不仅具有较高的精度，而且具有较快的计算速度，该解析计算可为建立缺陷检测信号的数据样本库、实现缺陷轮廓重构奠定基础。

第 8 章介绍基于不变函数的脉冲涡流缺陷二维轮廓重构方法。采用径向基神经网络构造用于重构缺陷轮廓的不变函数，将不同检测条件下脉冲涡流缺陷检测信号作为网络的输入，缺陷的二维轮廓图像作为输出，建立由检测信号到缺陷二维轮廓一一对应的非线性映射关系模型。结果表明，基于不变函数的缺陷轮廓重构方法可有效降低检测条件变化对缺陷轮廓重构的影响，且具有较高的精度和较好的泛化性能，同时该方法对噪声也具有很强的鲁棒性，是一种有效可行的脉冲涡流缺陷二维轮廓重构方法。

# 1.4　本章小结

本章首先介绍了脉冲涡流无损检测技术的研究背景及意义，说明了其特点；而后分别从脉冲涡流检测技术在机械结构缺陷检测中的应用、理论计算、传感器研究、检测信号降噪及特征提取、缺陷定量化等方面介绍了国内外研究现状；阐述了设计结构更优的传感器、降低被测试件属性信息的影响对提高脉冲涡流传感器缺陷检测能力具有的重要意义；最后指出在降低检测条件变化影响的情况下准确重构缺陷轮廓已经成为脉冲涡流无损检测技术必然的研究趋势，对促进脉冲涡流缺陷轮廓重构技术的发展具有重要的推动作用。

## 参 考 文 献

[1] Hur D H, Choi M S, Shim H S, et al. Influence of signal to noise ratio on eddy current signals of cracks in steam generator tubes[J]. Nuclear Engineering and Technology, 2014, 46(6):883-888.

[2] Lebrun B, Jayet Y, Baboux J C. Pulsed eddy current signal analysis: application to the experimental detection and characterization of deep flaws in highly conductive materials[J]. NDT&E International, 1997, 30(3):163-170.

[3] Plotnikov Y A, Bantz W J, Hansen J P. Enhanced corrosion detection in airframe structure using pulsed eddy current and advanced processing[J]. Material Evaluation, 2007, 4:403-410.

[4] Smith R A, Hugo G R. Transient eddy current NDE for ageing aircraft-capabilities and limitations[J]. Insight, 2001, 43(1):14-25.

[5] Sophian A, Tian G Y. Multiple sensors in eddy current NDT[J]. IEEE Transactions on Sensors, 2004, 28(7):1017-1021.

[6] Giguere J S R, Lepine B A, Dubois J M S. Pulsed eddy current technology: characterizing material loss with gap and lift off variations[J]. Research in Nondestructive Evaluation, 2001, 13(3):119-129.

[7] Plotnikov G, Clapham L. Stress effects and magnetic methods for pipeline inspection: a study of interacting defects[J]. Insight, 2002, 44(2):74-78.

[8] He Y Z, Pan M C, Chen D X, et al. PEC defect automated classication in aircraft multi-ply structures with interlayer gaps and lift-offs[J]. NDT&E International, 2013, 53(1):39-46.

[9] 周德强, 田贵云, 王海涛, 等. 脉冲涡流技术在应力检测中的应用[J]. 仪器仪表学报, 2010, 31(7):1588-1593.

[10] 张辉, 杨宾峰, 王晓锋, 等. 脉冲涡流检测中参数影响的仿真分析与实验研究[J]. 空军工程大学学报, 2012, 13(1):52-57.

[11] Bowler J, Johnson M. Pulsed eddy current response to a conducting half-space[J]. IEEE Transactions on Magnetics, 1997, 33(3):2258-2264.

[12] Theodoulidis T P, Kriezis E E. Coil impedance due to a sphere of arbitrary radial conductivity and permeability profiles[J]. IEEE Transactions on Magnetics, 2002, 38(3): 1452-1460.

[13] Pavo J. Numerical calculation method for pulsed eddy current testing[J]. IEEE Transactions on Magnetics, 2002, 38(2):1169-1172.

[14] Haan V O, Jong P A. Analytical expressions for transient induction voltage in a receiving coil due to a coaxial transmitting coil over a conducting plate[J]. IEEE Transactions on Magnetics, 2004, 40(2):371-378.

[15] 范孟豹, 尹亚丹, 曹丙花. 金属管件电涡流检测偏心效应的解析建模与仿真[J]. 中国电机工程学报, 2012, 32(30):133-138.

[16] Li Y, Chen Z M, Qi Y. Generalized analytical expressions of lift-off intersection in PEC and a lift-off intersection based fast inverse model[J]. IEEE Transactions on Magnetics, 2011, 47(10):2931-2934.

[17] Xie S J, Chen Z M, Takagi T, et al. Efficient numerical solver for simulation of pulsed eddy current testing signals[J]. IEEE Transactions on Magnetics, 2011, 47(11): 4582- 4591.

[18] Huang C, Wu X J, Xu Z Y, et al. Ferromagnetic material pulsed eddy current testing signal modeling by equivalent multiple-coil-coupling approach[J]. NDT&E International, 2011, 44(2):163-168.

[19] 陈兴乐, 雷银照. 导电导磁管道外任意放置线圈激励下脉冲涡流场时域解析解[J]. 物理学报, 2014, 63(24):240301.

[20] Ludwig R, Dai X W. Numerical and analytical modeling of pulsed eddy currents in a conducting half-space[J]. IEEE Transactions on Magnetics, 1990, 26(1):299-307.

[21] Dai X W, Ludwig R, Palanisamy R. Numerical simulation of pulsed eddy current nondestructive testing phenomena[J]. IEEE Transactions on Magnetics, 1990, 26(6): 3089-3096.

[22] Shin Y, Choi D, Kim Y, et al. Signal characteristics of differential pulsed eddy current sensors in the evaluation of plate thickness[J]. NDT&E International, 2009, 42(3): 215-221.

[23] Bowler J R, Fu F W. Transient eddy current interaction with an open crack[J]. Review of Quantitative Nondestructive Evaluation, 2004, 23:329-335.

[24] Fu F W, Bowler J R. Transient eddy current response due a conductive cylindrical rod[J]. Review of Quantitative Nondestructive Evaluation, 2007, 26:332-339.

[25] Le M, Lee J, Jun J, et al. Estimation of sizes of cracks on pipes in nuclear power plants using dipole moment and finite element methods[J]. NDT&E International, 2013, 58:56-63.

[26] 幸玲玲. 用时域有限元边界元耦合法计算三维瞬态涡流场[J]. 中国电机工程学报, 2005, 25(19):131-134.

[27] Ding K Q, Xin W. Simulation of frequency influence on detection of the inner corrosion for the pipeline[J]. International Journal of Applied Electromagnetics and Mechanics, 2010, 33:387-394.

[28] 付跃文, 喻星星. 油套管腐蚀脉冲涡流检测中探头类型的影响[J]. 仪器仪表学报, 2014, 35(1):208-217.

[29] 周德强, 王俊, 张秋菊, 等. 铁磁性构件缺陷的脉冲涡流检测传感机理研究[J]. 仪器仪表学报, 2015, 36(5):989-995.

[30] Park D G, Angani C S, Rao B P C, et al. Detection of the subsurface cracks in a stainless steel plate using pulsed eddy current[J]. Journal of Nondestructive Evaluation, 2013, 32(4):350-353.

[31] Ditchburn R J, Burke S K. Planar rectangular spiral coils in eddy current nondestructive inspection[J]. NDT&E International, 2005, 38(8):690-700.

[32] 何赟泽, 罗飞路, 胡祥超, 等. 矩形脉冲涡流传感器的三维磁场与缺陷定量评估[J]. 仪器仪表学报, 2010, 31(2):347-351.

[33] Yang G, Tian G Y, Que P W, et al. Data fusion algorithm for pulsed eddy current detection[J]. Measurement Science & Technology, 2007, 1(6):312-316.

[34] 周德强, 田贵云, 王海涛, 等. 小波变换在脉冲涡流检测信号中的应用[J]. 传感器与微系统, 2008, 27(10):115-117.

[35] Huang C, Wu X J, Xu Z Y, et al. Pulsed eddy current signal processing method for signal denoising in ferromagnetic plate testing[J]. NDT&E International, 2010, 43(7): 648-653.

[36] Chen T L, Tian G Y, Sophian A. Feature extraction and selection for defect classification of pulsed eddy current[J]. NDT&E International, 2008, 41(6):467-476.

[37] Clauzon T, Thollon F, Nicolas A. Flaws characterization with pulsed eddy current NDT[J]. IEEE Transactions on Magnetics, 1999, 35(3):1873-1876.

[38] Hosseini S, Lakis A A. Application of time frequency analysis for automatic hidden corrosion detection in a multilayer aluminum structure using pulsed eddy current[J]. NDT&E International, 2012, 47(4):70-79.

[39] 潘孟春, 何赟泽, 罗飞路. 基于谱分析的脉冲涡流缺陷 3D 分类识别技术[J]. 仪器仪表学报, 2010, 31(9):2095-2100.

[40] 周德强, 田贵云, 尤丽华, 等. 基于频谱分析的脉冲涡流缺陷检测研究[J]. 仪器仪表学报, 2011, 32(9):1948-1953.

[41] Tian S L, Chen K, Bai L B, et al. Frequency feature based quantification of defect depth and thickness[J]. Review of Scientific Instruments, 2014, 85(6):064705.

[42] Smith R A, Hugo G R. Transient eddy current NDE for aging aircraft capabilities and limitations[J]. Insight, 2001, 43(1):14-25.

[43] Xu Z Y, Wu X J, Li J, et al. Assessment of wall thinning in insulated ferromagnetic pipes using the time-to-peak of differential pulsed eddy current testing signals[J]. NDT&E International, 2012, 51: 24-29.

[44] Gabriel P, Bogdan C, Florea I H, et al. Nonlinear FEM-BEM formulation and model-free inversion procedure for reconstruction of cracks using pulse eddy currents[J]. IEEE Transactions on Magnetics, 2002, 38(2):1241-1244.

[45] Ivaylo D, Kostadin B. Crack sizing by using pulsed eddy current technique and neural network[J]. Facta Universitatis, 2006, 19: 371-377.

[46] 钱苏敏, 左宪章, 张云, 等. 基于改进 PSO-LSSVM 的脉冲涡流缺陷二维轮廓重构[J]. 仪表技术与传感器, 2013, (8):99-102.

[47] Bai L B, Tian G Y, Simm A, et al. Fast crack profile reconstruction using pulsed eddy current signals[J]. NDT&E International, 2013, 54:37-44.

[48] Wang L, Xie S J, Chen Z M, et al. Reconstruction of stress corrosion cracks using signals of pulsed eddy current testing[J]. Nondestructive Testing and Evaluation, 2013, 28(2):145-154.

[49] Xie S J, Chen Z M, Chen H G, et al. Sizing of wall thinning defects using pulsed eddy current testing signals based on a hybrid inverse analysis method[J]. IEEE Transactions on Magnetics, 2013, 49(5):1653-1656.

# 第 2 章　脉冲涡流检测理论基础

## 2.1　概　　述

脉冲涡流检测技术是一种快速发展的电磁无损检测技术，与传统涡流检测技术相比，该方法具有检测信号频带宽、深层缺陷检测能力强、检测信号包含信息丰富等优点。此外，脉冲涡流检测技术还具有检测成本低、操作简单等特点，因而其在石油化工、航空航天、军事装备等检测领域具有广阔的应用前景。脉冲涡流技术的检测理论是在涡流检测理论基础上发展而来的，为深入理解脉冲涡流检测理论，本章首先阐述了涡流产生机理及电磁场基本理论，详细介绍了脉冲涡流检测的原理，分析了涡流的趋肤效应，详细探讨了脉冲涡流差分传感器检测信号的特征。

## 2.2　涡流效应及电磁场基本理论

自 1820 年法拉第就开始探索磁场产生电场的可能性，经过十余年的努力终于在研究电磁场问题时发现，将闭合线圈放置于变化的磁场中时，线圈内会产生感应电流，且该感应电流产生的磁通量总是阻碍原磁通量的变化。根据上述理论可知，无论导体是否形成闭合的回路，当穿过导体的磁场快速变化时，导体内部就会产生漩涡状的感应电流，这种漩涡状的感应电流被称为涡流，这种现象称为涡流效应。变化的磁场是产生电涡流的源。涡流效应示意图如图 2-1 所示。

在电磁场分析领域，主要包括以电场强度和磁感应强度等构成的能够表述电磁场的物理量，以及电荷、电流等电磁场形成的源量。其中，电流是一个标量，它能够表征流过导体某一截面电荷的数量。然而，实际电荷在导体中流动时，在不同的截面具有不同的方向和强度，因而电流并不能准确描述电流与磁场间的对应关系，因而通常引入电流密度矢量来更细致地描述导体中不同截面的电流分布情况。

在导体中，某一截面的电流密度在数值上等于单位时间内通过该截面的电荷总数，即单位时间内的电流，而正电荷在该截面的流动方向即为电流方向。设 $ds$ 为导体中某非常小的截面，则单位时间内通过该截面的电流 $di$ 可表示为

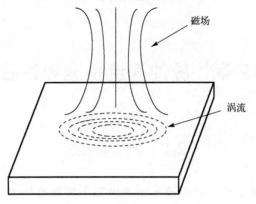

图 2-1　涡流效应示意图

$$\mathrm{d}i = \overline{J} \cdot \mathrm{d}s \tag{2-1}$$

式中，$\overline{J}$ 为电流密度，可表示为

$$\left|\overline{J}\right| = \lim_{\Delta s \to 0} \frac{\Delta i}{\Delta s} = \frac{\mathrm{d}i}{\mathrm{d}s} \tag{2-2}$$

式中，$\Delta s$ 为导体中某一面积非常小的截面；$\Delta i$ 为单位时间内流过截面 $\Delta s$ 的电流值。

麦克斯韦在前人研究的基础上，通过总结、假设等推导了能够阐述电磁相互作用和运动规律的方程组，进一步完善和发展了法拉第的研究理论。麦克斯韦提出的方程组能从理论上定量描述电磁能量与被测对象间的相互关系，在电磁场理论研究和计算中具有重要的意义和地位。麦克斯韦方程组的积分及微分形式分别如下。

积分形式：

$$\int_l \boldsymbol{H} \cdot \mathrm{d}\boldsymbol{l} = \int_s \left( \boldsymbol{J} + \frac{\partial \boldsymbol{D}}{\partial t} \right) \cdot \mathrm{d}\boldsymbol{s} \tag{2-3}$$

$$\oint_l \boldsymbol{E} \cdot \mathrm{d}\boldsymbol{l} = -\int_s \frac{\partial \boldsymbol{B}}{\partial t} \cdot \mathrm{d}\boldsymbol{s} \tag{2-4}$$

$$\int_s \boldsymbol{D} \cdot \mathrm{d}\boldsymbol{s} = \int_t \rho \mathrm{d}t \tag{2-5}$$

$$\int_s \boldsymbol{B} \cdot \mathrm{d}\boldsymbol{s} = 0 \tag{2-6}$$

微分形式：

$$\nabla \cdot \boldsymbol{D} = \rho \tag{2-7}$$

$$\nabla \cdot \boldsymbol{B} = 0 \tag{2-8}$$

$$\nabla \times \boldsymbol{E} = -\frac{\partial \boldsymbol{B}}{\partial t} \tag{2-9}$$

$$\nabla \times \boldsymbol{H} = \boldsymbol{J} + \frac{\partial \boldsymbol{D}}{\partial t} \tag{2-10}$$

式中，$\boldsymbol{H}$ 为磁场强度，单位为 A/m；$\boldsymbol{E}$ 为电场强度，单位为 V/m；$\boldsymbol{D}$ 为电位移矢量，单位为 C/m$^2$；$\boldsymbol{J}$ 为电流密度，单位为 A/m$^2$；$\boldsymbol{B}$ 为磁感应强度，单位为 T；$\rho$ 为电荷体密度，单位为 C/m$^3$。

理论与研究表明，介质磁化、极化和传导与所加变化磁场有关，当三者与外加磁场强度为线性相关时，称该介质为线性介质，此时为求解上述方程组的解，可补充以下三个与电场和磁场介质相关的方程式：

$$\boldsymbol{D} = \varepsilon \boldsymbol{E} \tag{2-11}$$

$$\boldsymbol{B} = \mu \boldsymbol{H} \tag{2-12}$$

$$\boldsymbol{J} = \sigma \boldsymbol{E} \tag{2-13}$$

式中，$\varepsilon$ 为介质的电容率；$\mu$ 为磁导率；$\sigma$ 为电导率。

下面对边界条件进行分析，考虑两种不同的介质，其中 $\varepsilon_1$ 和 $\mu_1$ 分别为第一种媒介的电容率和磁导率，$\varepsilon_2$ 和 $\mu_2$ 分别为第二种媒介的电容率和磁导率。此时由边界条件可得

$$B_{1n} = B_{2n} \tag{2-14}$$

$$D_{2n} - D_{1n} = \rho \tag{2-15}$$

$$H_{1t} - H_{2t} = K \tag{2-16}$$

$$E_{1t} = E_{2t} \tag{2-17}$$

式中，$\rho$ 为分界面上的自由电荷密度；$K$ 为电流线密度。

由上述边界条件方程可以看出，电场强度与磁感应强度的法向分量总是连续的；而在有自由电荷与电流分布的界面上，电位移矢量与磁场强度的切向分量却是不连续的。

当导体试件外空气层中不包含激励源时，假设所分析的电磁场为稳态时变场，则此时麦克斯韦方程组可表示为

$$\nabla \times \boldsymbol{E} = -\mu_0 \frac{\partial \boldsymbol{H}}{\partial t} \tag{2-18}$$

$$\nabla \cdot \boldsymbol{E} = 0 \tag{2-19}$$

$$\nabla \times \boldsymbol{H} = 0 \tag{2-20}$$

$$\nabla \cdot \boldsymbol{H} = 0 \tag{2-21}$$

式中，$\mu_0$ 为真空磁导率。当导体试件外空气层中包含激励源时，麦克斯韦方程组可表示为

$$\nabla \times \boldsymbol{E} = -\mu_0 \frac{\partial \boldsymbol{H}}{\partial t} \tag{2-22}$$

$$\nabla \cdot \boldsymbol{E} = 0 \tag{2-23}$$

$$\nabla \times \boldsymbol{H} = \boldsymbol{J} \tag{2-24}$$

$$\nabla \cdot \boldsymbol{H} = 0 \tag{2-25}$$

式中，$\boldsymbol{J}$ 为源电流。在导体试件的集肤区域，麦克斯韦方程组可表示为

$$\nabla \times \boldsymbol{E} = -\mu \frac{\partial \boldsymbol{H}}{\partial t} \tag{2-26}$$

$$\nabla \cdot \boldsymbol{E} = 0 \tag{2-27}$$

$$\nabla \times \boldsymbol{H} = \sigma \boldsymbol{E} \tag{2-28}$$

$$\nabla \cdot \boldsymbol{H} = 0 \tag{2-29}$$

式中，$\mu = \mu_r \mu_0$，$\mu_r$ 为导体试件的相对磁导率。

通过引入位移电流，麦克斯韦方程组建立了宏观电磁场运动的基本方程，表明了变化的电场与变化的磁场间的相互关系，标志着电磁场理论的建立。一般情况下，在求解电磁场问题时，只需在指定空间列出麦克斯韦方程组并给出其相应的边界条件和初始条件，经计算求解就可以得出所需结果。

## 2.3　脉冲涡流检测原理

脉冲涡流检测原理示意图如图 2-2 所示。当脉冲信号加载在激励线圈时，线圈内部会产生一个快速变化的脉冲磁场，根据电磁感应原理，此时被测导体中会感应出一个瞬时变化的涡流，同时该感应涡流也会产生一个快速变化的涡流磁场，激励磁场与感应涡流磁场的叠加磁场可间接地反映被测导体的参数和特征[1]。当被测导体中存在缺陷时，感应涡流的分布必然会发生变化，最终使叠加后的磁场也发生改变，因而通过检测叠加磁场的变化，就可以得到缺陷信息。在工程应用中，脉冲涡流差分传感器检测信号经采集后，通过对检测信号作进一步的处理和分析，即可获取被测缺陷的信息。

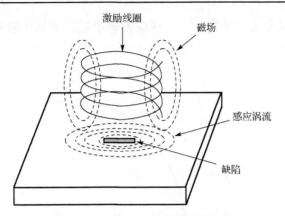

图 2-2　脉冲涡流检测原理示意图

实际采用脉冲涡流技术检测时，很难获取标准的脉冲信号，且标准脉冲信号分析与处理的过程也比较复杂，因而通常采用矩形方波信号作为脉冲涡流检测的激励信号。按激励方式的不同，脉冲涡流检测激励信号可分为电压激励和电流激励，由于检测中的磁场与激励线圈中的电流成正相关关系，因而通常情况下电流激励要优于电压激励，且当采用电流信号作为激励时，激励线圈中的电流也不会受其阻抗的影响。然而，与电压激励源相比，电流激励源的产生电路较复杂，从硬件上不易实现，因而实际检测中常采用电压信号作为激励信号。

## 2.4　脉冲涡流的趋肤效应

当均匀导体中通有交变电流时，电流在导体内部各处的密度并不相同，随着与导体中心距离的增加，导体内电流的密度逐渐增大，且交变电流的频率越大，集中于导体表面的电流密度也越大，这种交变电流集中于导体表面的现象称为趋肤效应[2]。由趋肤效应原理可知，在涡流检测中，被测导体截面各处感应涡流的密度分布并不是均匀的，随着深度的增加，涡流密度成指数规律减小。感应涡流能够渗入导体内的深度称为渗透深度，在实际测试中，规定涡流密度衰减到导体表面值的 1/e 时的渗透深度为标准渗透深度，也称为趋肤深度。趋肤深度的大小直接影响着涡流检测技术能否有效地检测出不同深度的缺陷，是涡流检测系统检测性能的一个重要指标。单频涡流趋肤深度的表达式为[3,4]

$$\delta = \frac{1}{\sqrt{\pi\mu\sigma f}} \tag{2-30}$$

式中，$\delta$ 为渗透深度；$\sigma$ 和 $\mu$ 分别为被测试件的电导率和磁导率；$f$ 为信号频率。

　　以归一化涡流密度为横坐标，以深度为纵坐标，导体中轴向涡流密度分布示意图如图 2-3 所示。

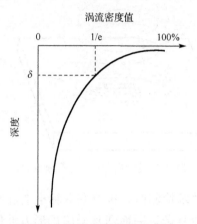

图 2-3　涡流密度分布示意图

　　当激励加载在激励线圈时(模型结构示意图如图 2-4 所示)，感应涡流在导体中的径向分布也是不均匀的，对于无限厚平面导体，其涡流径向密度分布随着距激励线圈正下方中心处距离 $r$ 的增加先增大后减小，直至趋于零；且在激励线圈外径处(即 $r = r_2$)涡流密度达到最大值，涡流径向密度分布示意图如图 2-5 所示，图中 $J = J_r / J_{r_2}$。

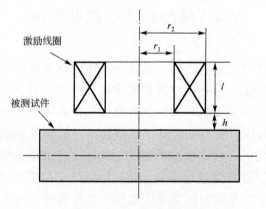

图 2-4　模型结构示意图

　　脉冲涡流检测技术是在传统涡流检测基础上发展起来的，二者的检测原理基本相同，但脉冲涡流检测技术的激励信号通常为矩形方波信号而不是正弦波信号，因而此时不能直接采用式(2-30)求得脉冲涡流检测的趋肤深度。根据傅里叶变换理论，可用无限多个谐波分量的和来表示方波信号，因此可将方波激励信号进行傅里叶展开，通过求解各谐波分量的趋肤深度来分析脉冲涡流检测的趋肤深度。

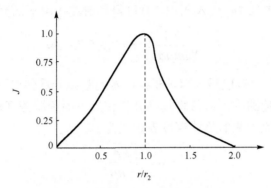

图 2-5 涡流径向密度分布示意图

设方波信号 $f(t)$ 的幅度为 $V$，周期为 $T$，信号宽度为 $\Delta$，且 $T = k\Delta (k > 0)$，其波形如图 2-6 所示。

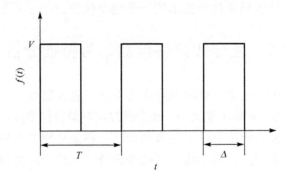

图 2-6 方波信号波形

方波信号的傅里叶级数展开式可表示为

$$f(t) = \frac{V}{2} + \sum_{n=1}^{\infty} A_n \sin(n\omega_1 t + \phi_n) \tag{2-31}$$

式中，$A_n$ 为幅值谱；$\omega_1$ 为基波角频率；$\phi_n$ 为相位谱。

$$\omega_1 = 2\pi f_1 = 2\pi \frac{1}{T} = \frac{2\pi}{k\Delta} \tag{2-32}$$

$$A_n = \frac{2V}{n\pi} \left| \sin\left(\frac{n\pi\Delta}{T}\right) \right| \tag{2-33}$$

则所有谐波分量的角频率谱为

$$\omega = n\omega_1 = n\frac{2\pi}{k\Delta}, \quad n = 1,3,5,7,\cdots,\infty \tag{2-34}$$

将式(2-32)和式(2-34)代入式(2-30)可得各谐波作用下涡流趋肤深度为

$$\delta_n = \sqrt{\frac{k\Delta}{n\pi\mu\sigma}}, \quad n = 1,3,5,7,\cdots,\infty \tag{2-35}$$

当 $n=1$ 时，式(2-35)取最大值，即在信号的基频分量作用下，趋肤深度最大；因此，在脉冲涡流检测中，通常将基频分量作用下的趋肤深度近似地作为标准渗透深度。即脉冲涡流检测的趋肤深度表达式为

$$\delta = \sqrt{\frac{k\Delta}{\pi\mu\sigma}} \tag{2-36}$$

由于脉冲涡流检测技术采用方波信号作为激励，而方波信号可展开为不同频率谐波成分的组合，且频谱范围很大，由趋肤效应原理可知，其检测信号中会包含丰富的与被测导体相关的参数信息，因而其缺陷检测能力较强，这也是脉冲涡流检测技术相比于传统涡流检测技术的一个突出优势。

## 2.5　差分传感器检测信号特征分析

脉冲涡流检测技术是通过检测激励磁场与感应涡流磁场二者叠加磁场的变化获取被测缺陷信息的，在实际检测中，通常通过获取差分检测信号提取缺陷信息[5]。目前常用的获取差分检测信号的方法有两种，一种是分别提取被测试件缺陷位置与无缺陷位置的检测信号，而后将二者做差分处理；另一种是使用差分传感器。在检测中，被测试件不同位置的表面情况有时会存在一定的差异，因此前者获取差分检测信号的方法容易受试件表面情况的影响；而差分传感器在激励线圈顶部和底部分别放置了检测元件，通过将两元件的检测信号做差即可得到差分检测信号，其在检测中无须提取试件不同部位的检测信号，不仅具有较高的效率，而且差分信号还不易受试件表面情况的影响，因而差分传感器在脉冲涡流检测中得到了广泛应用。

传统脉冲涡流差分传感器的激励线圈为圆柱形线圈，检测单元主要为磁敏元件[6]。由于霍尔元件能直接测量磁场的变化，且具有较高的灵敏度和较好的低频响应能力，非常适合用于强磁场下的深层缺陷检测，因而霍尔元件在差分传感器设计中得到了广泛应用。当采用霍尔元件作为检测单元时，脉冲涡流差分传感器结构示意图如图 2-7 所示。

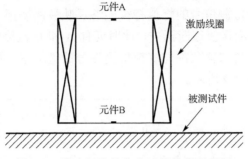

图 2-7　脉冲涡流差分传感器结构示意图

图 2-5 中元件 A 和 B 为霍尔元件。当脉冲信号加载在激励线圈时，元件 A 和 B 可检测激励磁场与感应涡流磁场二者叠加磁场的变化，通过将两磁敏元件的检测信号做差分处理即可得到所需的差分检测信号。典型的非铁磁性材料脉冲涡流差分传感器检测信号如图 2-8 所示。

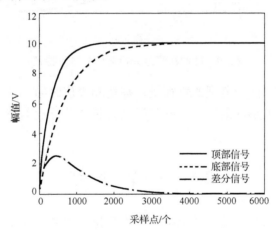

图 2-8　脉冲涡流差分传感器检测信号

顶部信号为元件 A 的输出信号，底部信号为元件 B 的输出信号，将顶部信号减去底部信号即可得到差分检测信号。可以看出，在响应信号上升阶段，顶部检测信号的上升速度要大于底部检测信号，这是因为感应涡流磁场对线圈内激励磁场的变化起阻碍作用，元件 B 位于线圈底部，距离被测试件较近，受感应涡流磁场的影响较大，而元件 A 距离试件较远，受感应涡流磁场的影响小，因而底部检测信号的上升速度要小于顶部信号；由于感应涡流的大小受被测试件属性(如电导率)的影响，因而该差分检测信号包含了被测试件的属性信息。当试件中存在缺陷时，缺陷会阻碍其周围感应涡流回路的流通，使得感应涡流形成的磁场变小，涡流磁场对激励磁场的阻碍作用也会减小，从而使得差分检测信号的峰值会发生改变，由此可知，差分检测信号的峰值特征能够反映被测缺陷的参数信息。当激励信号趋于稳定时，感应涡流逐渐消失，此时元件 A 和 B 检测的是激励磁场，因而当信号趋于稳定时，传感器顶部与底部检测信号的值基本一致。脉冲涡流差分检测信号典型特征如图 2-9 所示。

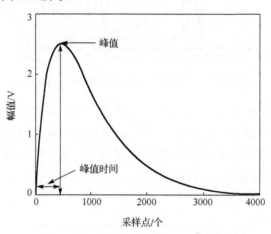

图 2-9　脉冲涡流差分检测信号典型特征

从图中可以看出两个典型的特征量：峰值和峰值时间。其中，峰值是指脉冲涡流差分检测信号波形的最大值；峰值时间是指从差分检测信号起始点到信号峰值点的时间间隔。

## 2.6　本　章　小　结

本章首先介绍了涡流效应及电磁场基本理论，阐明了变化的电场与变化的磁场间的相互关系；而后介绍了脉冲涡流检测原理，说明了实际检测中常采用电压信号作为激励信号的原因；其次在介绍趋肤效应原理的基础上，对比分析了脉冲涡流检测技术相比了传统涡流检测技术的优势，通过分析可知，脉冲涡流检测信号中包含了丰富的与被测导体相关的参数信息，具有更强的缺陷检测能力；最后分析了传统脉冲涡流差分传感器的检测信号特征，阐述了差分检测信号峰值特征反映被测缺陷参数信息的机理，为后续差分传感器优化设计奠定了基础。

### 参 考 文 献

[1]　蔚道祥，陈定岳，薛盛龙，等. 接收线圈位置对脉冲涡流检测灵敏度的影响[J]. 失效分析与预防，2015, 10 (2):67-71.

[2]　Bassam A, Peter B N. Iterative inversion method for eddy current profiling of near-surface residual stress in surface-treated metals[J]. NDT&E International, 2006, 39(8): 641-651.

[3]　Tian G Y, Sophian A. Defect classification using a new feature for pulsed eddy current sensors[J]. NDT&E International, 2005, 38(1):77-82.

[4]　Pan M C, He Y Z, Tian G Y, et al. PEC frequency band selection for locating defects in two-layer aircraft structures with air gap variations[J]. IEEE Transactions on Instrumentation and Measurement, 2013, 62(10):2849-2856.

[5]　Angani C S, Park D G, Kim G D, et al. Differential pulsed eddy current sensor for the detection of wall thinning in an insulated stainless steel pipe[J]. Journal of Applied Physics, 2010, 107:721-723.

[6]　Park D G, Angani C S, Kishore M B, et al. Application of the pulsed eddy current technique to inspect pipelines of nuclear plants[J]. Journal of Magnetics, 2013, 18(3): 342-347.

# 第 3 章　脉冲涡流检测中探头瞬态响应的理论计算

## 3.1　概　　述

传统单(多)频涡流检测技术简单可行，对表面或近表面缺陷有着很高的灵敏度，但受趋肤效应的限制，对更深层或第一层以下的结构完整性进行评估时，必须降低检测频率，但检测灵敏度也随之降低。在脉冲涡流检测中，施加给探头的激励信号是一系列矩形脉冲电压(流)，它包含丰富的频谱分量，且信号能量集中，使感应涡流能渗透到更深的试件内部，有效地扩大了检测范围，从理论上讲可实现对待测物上不同纵深位置的同时检测。近年来，脉冲涡流检测技术日益引起重视和关注[1-3]。

虽然脉冲涡流检测技术具有上述优点，但在理论模型的建立及信号的物理解释上却比单频涡流检测复杂很多。根据不同的检测对象，各种解析法和数值法均被用于时域涡流场的计算，如 Bowler 以无限大导体为对象，导出了阶跃和指数两种激励下，电流和导体反射系数乘积的拉普拉斯逆变换，计算了线圈电磁场的时域解[4]。Haan 等从待测导体的材料和几何特征对场传播的影响出发，将导体的反射系数分段展开求傅里叶逆变换，导出了半无限大和有限厚度导体上线圈感应电压的时域表达式[5]。Pavo 用边界积分法和阻抗型边界条件求解两层导体中任意形状的平面缺陷场问题，通过傅里叶逆变换计算时域信号[6]。Li 等采用截断区域特征函数展开计算了三层导体结构的时谐场问题[7]。Tsuboi 等用棱边有限元法直接求解了 27 号电磁场基准问题(TEAM Workshops Problem 27)的时域响应[8]。幸玲玲用有限元和边界元耦合法对有限厚平板导体中理想裂缝模型进行了时域求解[9]。张玉华等采用节点有限元法分析了特殊形状探头的三维瞬态涡流场问题[10]。

本章根据实际检测需要，将待测对象由单层有限厚导体扩充到任意 $n$ 层层叠导体结构，建立脉冲涡流检测的电磁场理论模型，用矢量磁位 $A$ 推导得到 $n$ 层导体对涡流探头的反射系数，将之归纳为 $n$ 个子矩阵相乘的形式，并进一步导出了 $n$ 层导体结构所产生的反射磁场和检测线圈感应电压的级数表达式，结合快速傅里叶变换法，研究了不同导体层发生变化时的瞬态响应。最后与有限元时步法所得的结果进行了对比，表明级数展开结合快速傅里叶变换法是一种更快速有效地求解多层导体结构瞬态涡流场的计算方法。这为脉冲涡流检测信号的理论解释及其逆问题研究奠定了基础。

## 3.2　求解模型的建立及计算方法

计算模型如图 3-1 所示，一个激励-检测式涡流探头置于 $n$ 层层叠导体结构上方。探头包括两个均匀绕制的同轴圆柱形线圈，小检测线圈位于激励线圈内部，其中激励线圈的内半径为 $r_1$，外半径为 $r_2$，高 $h_d=l_2-l_1$，绕线匝数为 $N$；检测线圈的内半径为 $r_3$，外半径为 $r_4$，高 $h_p=l_4-l_3$，绕线匝数为 $N'$。层叠导体结构由 $n$ 层导体平板和 $n-1$ 层非导体间隙组成，其中第 $i$ 层导体为各向同性、线性均匀的介质，电导率为 $\sigma_i$，磁导率 $\mu_i=\mu_{r,i}\mu_0$，厚度为 $d_i$，第 $i$ 层和 $i+1$ 层导体之间的间隙为 $g_i$，磁导率为 $\mu_0$，第 $n$ 层导体下方是半无限大空气域。选择圆柱坐标系 $(\rho, \theta, z)$，对应的单位矢量分别为 $e_\rho$、$e_\theta$、$e_z$，设 $z=0$ 平面与第一层导体表面重合，$z$ 轴与线圈对称轴重合并垂直于导体向上。将整个求解场域划分为 $2n+2$ 个子区域，使每个区域内仅有一种媒质分布，且外源位于边界面上，这样便于分析计算。

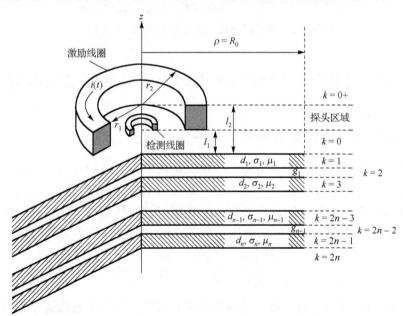

图 3-1　激励-检测式涡流探头置于 $n$ 层层叠导体结构上方

上述瞬态求解模型的计算方法有两个重点：①整个模型的径向求解空间限定在 $0 \leqslant \rho \leqslant R_0$ 的有限范围内，当 $R_0$ 取得足够大时，可认为在外边界上磁场已衰减为零，满足矢量磁位 $A=0$ 的第一类边界条件，这种处理与涡流场开域问题中的截断法类似。它的优点在于：根据偏微分方程理论，可将无穷区域内连续本征谱问题转化有限区域内的离散本征谱问题，结果表达式由积分化为级数求和，避免了广义类 Sommerfeld 积分的运算，使收敛性和计算精度易于控制，对同时计算多个频率非常有利。②设线圈中流过的电流 $i(t)$ 是瞬态信号，根据傅里叶变换理论，它可分解为一系列正弦信号的线性叠加，由场量与场源之间的关系可知，这些正弦激励的谐波响应可以合成为上述瞬态激励条件下的时域响应，具体过程如图 3-2 所示，其中 FFT（Fast Fourier Transformation）、IFFT（Inverse Fast Fourier Transformation）表示快速傅里叶变换和快速傅里叶逆变换。

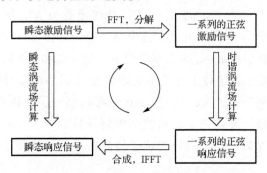

图 3-2　探头瞬态响应信号的 FFT-IFFT 求解

## 3.3　层叠导体结构上探头响应信号的时谐场求解

### 3.3.1　层叠导体结构反射系数的矩阵表达式

由于所有的媒质边界关于场源中心轴呈旋转对称，可简化为二维轴对称模型求解，其中矢量磁位 $A$ 仅存在周向分量，即 $A=A_\theta e_\theta$。由于多匝线圈的情况可通过单个金属圆环叠加得到，因此先计算一个理想 $\delta$ 线圈位于导体上方 $(r_0, l_0)$ 时产生的磁位 $A$，忽略位移电流及速度效应，则各区域的电磁场控制方程可统一表示为

$$\frac{\partial^2 A^{(k)}}{\partial \rho^2} + \left(\frac{1}{\rho}\right)\frac{\partial A^{(k)}}{\partial \rho} + \frac{\partial^2 A^{(k)}}{\partial z^2} - \frac{A^{(k)}}{\rho^2} - \mathrm{j}\omega\mu_k\sigma_k A^{(k)} = 0 \tag{3-1}$$

式中，$k=0+, 0, 1, 2, \cdots, 2n$；$\omega$ 为电流角频率；$A^{(k)}$ 同时包含有幅值和相位信息。

假设 $\delta$ 线圈中电流密度为 $J=I_0(\omega)\delta(\rho-r_0)\delta(z-l_0)$，则各子区域媒质分界面上的边界条件为

$$A^{(0+)}(\rho, z, \omega)\Big|_{z=l_0} = A^{(0)}(\rho, l_0, \omega)\Big|_{z=l_0} \tag{3-2}$$

$$\frac{\partial A^{(0+)}(\rho,z,\omega)}{\partial z}\bigg|_{z=l_0} = \frac{\partial A^{(0)}(\rho,z,\omega)}{\partial z}\bigg|_{z=l_0} - \mu_0 I_0(\omega)\delta(\rho - r_0) \tag{3-3}$$

当 $1 \leqslant k \leqslant 2n$ 时，有

$$A^{(k-1)}(\rho,z,\omega)\Big|_{z=z_{k-1}} = A^{(k)}(\rho,z,\omega)\Big|_{z=z_k} \tag{3-4}$$

$$\frac{1}{\mu_{k-1}}\frac{\partial A^{(k-1)}(\rho,z,\omega)}{\partial z}\bigg|_{z=z_{k-1}} = \frac{1}{\mu_k}\frac{\partial A^{(k)}(\rho,z,\omega)}{\partial z}\bigg|_{z=z_k} \tag{3-5}$$

式中，$z_k$ 为各分界面的 $z$ 轴坐标。将径向求解空间限定在 $0 \leqslant \rho \leqslant R_0$ 的有限范围内，则 $A$ 在 $\rho = R_0$ 的外边界面上满足第一类边界条件且场域内部处处有界：

$$A^{(k)}\Big|_{\rho=R_0} = 0 \tag{3-6}$$

$$A^{(k)}\Big|_{0 \leqslant \rho < R_0} < \infty \tag{3-7}$$

对式 (3-1) 利用有界区域内定界问题的分离变数法求解，则各个子区域的通解可表示如下。

① $\delta$ 线圈上方半无限大空气域：

$$A^{0+}(\rho,z,\omega) = \sum_{m=1}^{\infty} C^{0+}e^{-\lambda_m z}J_1(\lambda_m\rho) \tag{3-8}$$

② $\delta$ 线圈与导体之间的空气域：

$$A^0(\rho,z,\omega) = \sum_{m=1}^{\infty} (C^0 e^{\lambda_m z} + D^0 e^{-\lambda_m z})J_1(\lambda_m\rho) \tag{3-9}$$

③ 第 $i$ 层导体区域：

$$A^{2i-1}(\rho,z,\omega) = \sum_{m=1}^{\infty} (C^{2i-1}e^{\lambda_{i,m}z} + D^{2i-1}e^{-\lambda_{i,m}z})J_1(\lambda_m\rho) \tag{3-10}$$

④ 第 $i-1$ 和 $i$ 层导体之间的间隙：

$$A^{2i-2}(\rho,z,\omega) = \sum_{m=1}^{\infty} (C^{2i-2}e^{\lambda_m z} + D^{2i-2}e^{-\lambda_m z})J_1(\lambda_m\rho) \tag{3-11}$$

⑤ 导体下方半无限大空气域：

$$A^{2n}(\rho,z,\omega) = \sum_{m=1}^{\infty} C^{2n}e^{\lambda_m z}J_1(\lambda_m\rho) \tag{3-12}$$

式中，$\lambda_{i,m} = \sqrt{\lambda_m^2 + j\omega\mu_i\sigma_i}$，$\lambda_m$ 是离散的本征值，由式 (3-6) 可得

$$\lambda_m = \frac{x_m}{R_0}, \qquad m = 1,2,3\cdots \tag{3-13}$$

$x_m$ 是 $J_1(x)=0$ 的第 $m$ 个根，可通过查表得到。根据边界条件式 (3-2)～式 (3-5) 并利用 Bessel 函数正交性，可确定未知系数 $C^{0+}$、$C^0$、$D^0$、$C^{2i-2}$、$D^{2i-2}$、$C^{2i-1}$、$D^{2i-1}$ 和 $C^{2n}$，它们之间满足一定的递推关系式，由此可最先求得

$$C^{0+} = \frac{I_0(\omega)\mu_0 r_0 J_1(\lambda_m r_0)}{\lambda_m R_0^2 J_0^2(\lambda_m R_0)}[\mathrm{e}^{\lambda_m l_0} + \Gamma(\lambda_m, \omega)\mathrm{e}^{-\lambda_m l_0}] \tag{3-14}$$

$$C^0 = \frac{I_0(\omega)\mu_0 r_0 J_1(\lambda_m r_0)}{\lambda_m R_0^2 J_0^2(\lambda_m R_0)}\mathrm{e}^{-\lambda_m l_0} \tag{3-15}$$

$$D^0 = \frac{I_0(\omega)\mu_0 r_0 J_1(\lambda_m r_0)}{\lambda_m R_0^2 J_0^2(\lambda_m R_0)}\Gamma(\lambda_m, \omega)\mathrm{e}^{-\lambda_m l_0} \tag{3-16}$$

$$C^{2n} = \frac{I_0(\omega)\mu_0 r_0 J_1(\lambda_m r_0)}{\lambda_m R_0^2 J_0^2(\lambda_m R_0)}(-4\lambda_m)^n \prod_{i=1}^n (\lambda_i \mu_{r,i})\frac{\mathrm{e}^{-\lambda_m l_0}}{\Gamma_{11}} \tag{3-17}$$

余下系数可用递推矩阵表示如下 (注意：$d_0=0$，$g_0=0$，$D^{2n}=0$)。

① 第 $i$ 层导体区域的系数：

$$\begin{bmatrix} C^{2i-1} \\ D^{2i-1} \end{bmatrix} = \frac{T_{2i-1}}{2\lambda_{i,m}}\begin{bmatrix} C^{2i} \\ D^{2i} \end{bmatrix} \tag{3-18}$$

式中

$$T_{2i-1} = \begin{bmatrix} (\lambda_{i,m} + \lambda_m \mu_{r,i})\mathrm{e}^{-(\lambda_i - \lambda_m)z_{2i-1}} & (\lambda_{i,m} - \lambda_m \mu_{r,i})\mathrm{e}^{-(\lambda_{i,m} + \lambda_m)z_{2i-1}} \\ (\lambda_{i,m} - \lambda_m \mu_{r,i})\mathrm{e}^{(\lambda_i + \lambda_m)z_{2i-1}} & (\lambda_{i,m} + \lambda_m \mu_{r,i})\mathrm{e}^{(\lambda_{i,m} - \lambda_m)z_{2i-1}} \end{bmatrix}$$

$$z_{2i-1} = -\sum_{k=1}^i (g_{k-1} + d_k)$$

② 第 $i-1$ 和 $i$ 层导体之间间隙的系数：

$$\begin{bmatrix} C^{2i-2} \\ D^{2i-2} \end{bmatrix} = \frac{T_{2i-2}}{2\lambda_m \mu_{r,i}}\begin{bmatrix} C^{2i-1} \\ D^{2i-1} \end{bmatrix} \tag{3-19}$$

式中

$$T_{2i-2} = \begin{bmatrix} (\lambda_{i,m} + \lambda_m \mu_{r,i})\mathrm{e}^{(\lambda_{i,m} - \lambda_m)z_{2i-2}} & -(\lambda_{i,m} - \lambda_m \mu_{r,i})\mathrm{e}^{-(\lambda_{i,m} + \lambda_m)z_{2i-2}} \\ -(\lambda_{i,m} - \lambda_m \mu_{r,i})\mathrm{e}^{(\lambda_{i,m} + \lambda_m)z_{2i-2}} & (\lambda_{i,m} + \lambda_m \mu_{r,i})\mathrm{e}^{-(\lambda_{i,m} - \lambda_m)z_{2i-2}} \end{bmatrix}$$

$$z_{2i-2} = -\sum_{k=1}^{i}(d_{k-1} + g_{k-1})$$

将上述对应的系数代入式(3-8)～式(3-12)可得一个理想$\delta$线圈在各区域内产生的磁位$A(\rho,z,\omega)$。在此基础上，根据叠积原理，将各式中$l_0$在$[l_1,l_2]$，$r_0$在$[r_1,r_2]$内求积分则得到一个均匀绕制$N$匝圆柱形线圈在各区域内产生的矢量磁位$A_c(\rho,z,\omega)$，其中线圈上方和下方空气中矢量磁位$A_c(\rho,z,\omega)$分别为

$$A_c^{(0+)}(\rho,z,\omega) = \frac{i(\omega)\mu_0 N}{(l_2-l_1)(r_2-r_1)} \times \sum_{m=1}^{\infty} \begin{bmatrix} e^{\lambda_m l_2} - e^{\lambda_m l_1} - \\ \Gamma(\lambda_m,\omega)(e^{-\lambda_m l_2} - e^{-\lambda_m l_1}) \end{bmatrix} \times \phi_1(\lambda_m)e^{-\lambda_m z} \quad (3\text{-}20)$$

$$A_c^{(0)}(\rho,z,\omega) = \frac{i(\omega)\mu_0 N}{(l_2-l_1)(r_2-r_1)} \times \sum_{m=1}^{\infty} \left[ -e^{\lambda_m z} - \Gamma(\lambda_m,\omega)e^{-\lambda_m z} \right] \times \phi_1(\lambda_m)(e^{-\lambda_m l_2} - e^{-\lambda_m l_1})$$

$$(3\text{-}21)$$

式中，$i(\omega)$为每匝线圈中的电流。令式(3-20)中$l_2=z$，式(3-21)中$l_1=z$，并将两式相加则得到图 3-1 中探头区域内各点矢量磁位$A^{coil}(\rho,z,\omega)$的表达式为

$$A^{coil}(\rho,z,\omega) = \frac{i(\omega)\mu_0 N}{(l_2-l_1)(r_2-r_1)} \times \sum_{m=1}^{\infty} \begin{bmatrix} 2 - e^{\lambda_m(l_1-z)} - e^{\lambda_m(z-l_2)} - \\ \Gamma(\lambda_m,\omega)e^{-\lambda_m z}(e^{-\lambda_m l_2} - e^{-\lambda_m l_1}) \end{bmatrix} \times \phi_1(\lambda_m) \quad (3\text{-}22)$$

式中，$\phi_1(\lambda_m) = \dfrac{J_1(\lambda_m \rho)I(\lambda_m r_1, \lambda_m r_2)}{\lambda_m^4 R_0^2 J_0^2(\lambda_m R_0)}$，$I(\lambda_m r_1, \lambda_m r_2) = \displaystyle\int_{\lambda_m r_1}^{\lambda_m r_2} x J_1(x)\mathrm{d}x$；层叠导体的反射系数$\Gamma(\lambda_m,\omega) = \Gamma_{11}/\Gamma_{21}$，$\Gamma_{11}$和$\Gamma_{21}$分别由$n$个2×2矩阵累积相乘得到

$$\begin{bmatrix} \Gamma_{11} & \Gamma_{12} \\ \Gamma_{21} & \Gamma_{22} \end{bmatrix} = \prod_{i=1}^{n} \begin{bmatrix} a_i & b_i \\ c_i & d_i \end{bmatrix} \quad (3\text{-}23)$$

式中

$$a_i = (\lambda_{i,m} - \lambda_m \mu_{r,i})^2 e^{-(\lambda_{i,m}+\lambda_m)d_i} - (\lambda_{i,m} + \lambda_m \mu_{r,i})^2 e^{(\lambda_{i,m}-\lambda_m)d_i} \quad (3\text{-}24)$$

$$b_i = \{[\lambda_{i,m}^2 - (\lambda_m \mu_{r,i})^2]e^{-(\lambda_{i,m}-\lambda_m)d_i} - [\lambda_{i,m}^2 - (\lambda_m \mu_{r,i})^2]e^{(\lambda_{i,m}+\lambda_m)d_i}\} \times e^{2\lambda_m \sum_{j=0}^{i-1}(d_j+g_j)} \quad (3\text{-}25)$$

$$c_i = \{[\lambda_{i,m}^2 - (\lambda_m \mu_{r,i})^2]e^{(\lambda_{i,m}-\lambda_m)d_i} - [\lambda_{i,m}^2 - (\lambda_m \mu_{r,i})^2]e^{-(\lambda_{i,m}+\lambda_m)d_i}\} \times e^{-2\lambda_m \sum_{j=0}^{i-1}(d_j+g_j)} \quad (3\text{-}26)$$

$$d_i = (\lambda_{i,m} - \lambda_m \mu_{r,i})^2 e^{(\lambda_{i,m}+\lambda_m)d_i} - (\lambda_{i,m} + \lambda_m \mu_{r,i})^2 e^{-(\lambda_{i,m}-\lambda_m)d_i} \quad (3\text{-}27)$$

## 3.3.2　层叠导体结构产生的反射磁场

已知激励线圈在各子区域内产生的矢量磁位$A_c^{(k)}(\rho,z,\omega)$，根据磁感应强度 **B**

和矢量磁位 $A$ 之间的关系式，可得

$$B = \nabla \times A = \frac{1}{\rho}\begin{vmatrix} e_\rho & \rho e_\theta & e_z \\ \dfrac{\partial}{\partial \rho} & \dfrac{\partial}{\partial \phi} & \dfrac{\partial}{\partial z} \\ A_\rho & \rho A_\theta & A_z \end{vmatrix} \quad (3\text{-}28)$$

$$= e_\rho \left( \frac{1}{\rho}\frac{\partial A_z}{\partial \phi} - \frac{\partial A_\theta}{\partial z} \right) + e_\theta \left( \frac{\partial A_\rho}{\partial z} - \frac{\partial A_z}{\partial \rho} \right) + e_z \frac{1}{\rho}\left[ \frac{\partial(\rho A_\theta)}{\partial \rho} - \frac{\partial A_\rho}{\partial \phi} \right]$$

在二维轴对称情况下，$A$ 仅存在周向分量，即 $A_\rho = A_z = 0$，$A_\theta \neq 0$，所以有

$$B_\rho = -e_\rho \frac{\partial A_\theta}{\partial z}, \quad B_\theta = 0, \quad B_z = e_z \left( \frac{A_\theta}{\rho} + \frac{\partial A_\theta}{\partial \rho} \right) \quad (3\text{-}29)$$

这说明 $B$ 只有轴向和径向分量，周向分量为零。将对应区域内 $A_c^{(k)}(\rho,z,\omega)$ 的表达式代入式(3-29)就可以得到磁感应强度的两个分量 $B_\rho^{(k)}(\rho,z,\omega)$ 和 $B_z^{(k)}(\rho,z,\omega)$，它们均由两部分组成，一部分是线圈的入射磁场，另一部分则为导体中感应涡流产生的反射磁场。

在实际检测中，往往是根据待测试件上方空气中反射磁场的变化来判断待测试件的状况。由式(3-20)~式(3-22)及式(3-29)可得，在 $z>0$ 的空气中，层叠导体产生的反射磁场的表达式均为

$$B_\rho^{\mathrm{ref}}(\rho,z,\omega) = -\frac{i(\omega)\mu_0 N}{(l_2-l_1)(r_2-r_1)} \times \sum_{m=1}^{\infty} \Gamma(\lambda_m,\omega)(\mathrm{e}^{-\lambda_m l_2} - \mathrm{e}^{-\lambda_m l_1})\phi_1(\lambda_m)\lambda_m \mathrm{e}^{-\lambda_m z} \quad (3\text{-}30)$$

$$B_z^{\mathrm{ref}}(\rho,z,\omega) = -\frac{i(\omega)\mu_0 N}{(l_2-l_1)(r_2-r_1)} \times \sum_{m=1}^{\infty} \Gamma(\lambda_m,\omega)(\mathrm{e}^{-\lambda_m l_2} - \mathrm{e}^{-\lambda_m l_1})\phi_0(\lambda_m)\lambda_m \mathrm{e}^{-\lambda_m z} \quad (3\text{-}31)$$

式中，$\phi_0(\lambda_m) = \dfrac{J_0(\lambda_m\rho)I(\lambda_m r_2, \lambda_m r_1)}{\lambda_m^4 R_0^2 J_0^2(\lambda_m R_0)}$；$\phi_1(\lambda_m)$ 同上。但要注意，线圈入射磁场的表达式在 $z>0$ 的空气中并不相同，须按 $z>l_2$，$l_1<z<l_2$ 和 $0<z<l_1$ 分区定义。

### 3.3.3　检测线圈上感应电压的变化

如图 3-1 所示，小检测线圈处于激励线圈内部，其感应电压可表示为

$$\xi(\rho,z,\omega) = \frac{\mathrm{j}\omega 2\pi N'}{(r_4-r_3)(l_4-l_3)}\int_{r_3}^{r_4}\int_{l_3}^{l_4} \rho A^{\mathrm{coil}}(\rho,z,\omega)\mathrm{d}\rho\mathrm{d}z \quad (3\text{-}32)$$

将式(3-22)代入并整理得到

$$\xi(\omega) = \frac{\mathrm{j}\omega i(\omega)2\pi\mu_0 NN'}{(l_2 - l_1)(r_2 - r_1)(r_4 - r_3)(l_4 - l_3)}$$

$$\times \sum_{m=1}^{\infty} \left\{ \begin{array}{l} \left[ 2\lambda_m + \mathrm{e}^{-\lambda_m l_1}(\mathrm{e}^{-\lambda_m l_4} - \mathrm{e}^{-\lambda_m l_3}) - \mathrm{e}^{-\lambda_m l_2}(\mathrm{e}^{\lambda_m l_4} - \mathrm{e}^{\lambda_m l_3}) + \right] \\ \Gamma(\lambda_m, \omega)(\mathrm{e}^{-\lambda_m l_2} - \mathrm{e}^{-\lambda_m l_1})(\mathrm{e}^{-\lambda_m l_4} - \mathrm{e}^{-\lambda_m l_3}) \\ \times \dfrac{I(\lambda_m r_4, \lambda_m r_3)I(\lambda_m r_2, \lambda_m r_1)}{\lambda_m^7 R_0^2 J_0^2(\lambda_m R_0)} \end{array} \right\} \tag{3-33}$$

从上式可以看出，检测线圈上的感应电压与激励和检测线圈的几何参数都有关，同时也是层叠导体反射系数的函数。它同样由两部分组成，一部分是探头下方无待测导体时，仅由激励线圈的入射磁场产生，即令式 (3-33) 中 $\Gamma(\lambda_m, \omega) = 0$ 可得；另一部分则是由待测导体内的感应涡流产生的反射磁场产生，称之为导体的反射感应电压：

$$\xi^{\mathrm{ref}}(\omega) = \frac{\mathrm{j}\omega i(\omega)2\pi\mu_0 NN'}{(l_2 - l_1)(r_2 - r_1)(r_4 - r_3)(l_4 - l_3)}$$

$$\times \sum_{m=1}^{\infty} \left[ \Gamma(\lambda_m, \omega)(\mathrm{e}^{-\lambda_m l_2} - \mathrm{e}^{-\lambda_m l_1})(\mathrm{e}^{-\lambda_m l_4} - \mathrm{e}^{-\lambda_m l_3}) \right] \tag{3-34}$$

$$\times \frac{I(\lambda_m r_4, \lambda_m r_3)I(\lambda_m r_2, \lambda_m r_1)}{\lambda_m^7 R_0^2 J_0^2(\lambda_m R_0)}$$

在脉冲涡流检测中，最关注的是 $\xi^{\mathrm{ref}}(\rho, z, \omega)$ 的变化量。

### 3.3.4　激励线圈中电流的计算

当已知电流 $i(\omega)$ 时，可直接代入式 (3-30)～式 (3-31) 和式 (3-34) 中计算得到感应场的变化。但在实践中，探头一般为外电路的一部分，往往都是已知激励电压 $U(\omega)$ 的大小，需要求得 $i(\omega)$。

根据电路原理，$i(\omega) = U(\omega)/Z(\omega)$，$Z(\omega)$ 是层叠导体上线圈的阻抗，它也包含了线圈的自身阻抗 $Z_{\mathrm{in}}(\omega)$ 和导体中涡流产生的反射阻抗 $Z_{\mathrm{ref}}(\omega)$ 两部分。其表达式为

$$Z_{\mathrm{in}}(\omega) = \frac{4N^2(r_2 + r_1)}{\gamma(l_2 - l_1)(r_2 - r_1)} + \frac{\mathrm{j}\omega 4\pi N^2}{(r_2 - r_1)^2(l_2 - l_1)^2}$$

$$\times \sum_{m=1}^{\infty} \left[ \lambda_m(l_2 - l_1) + (\mathrm{e}^{\lambda_m l_1 - \lambda_m l_2} - 1) \right] \times \frac{\mu_0 I^2(\lambda_m r_1, \lambda_m r_2)}{\lambda_m^5 R_0^2 J_0^2(\lambda_m R_0)} \tag{3-35}$$

$$Z_{\mathrm{ref}}(\omega) = \frac{\mathrm{j}\omega 4\pi N^2}{(r_2 - r_1)^2(l_2 - l_1)^2} \sum_{m=1}^{\infty} \Gamma(\lambda_m, \omega)(\mathrm{e}^{-\lambda_m l_2} - \mathrm{e}^{-\lambda_m l_1})^2 \times \frac{\mu_0 I^2(\lambda_m r_1, \lambda_m r_2)}{\lambda_m^5 R_0^2 J_0^2(\lambda_m R_0)} \tag{3-36}$$

式中，$\Gamma(\lambda_m, \omega)$ 由式 (3-23) 给出，$\gamma$ 为线圈绕线的电导率。

## 3.4　用快速傅里叶变换计算探头的瞬态响应信号

对激励信号进行 FFT,求解各谐波分量对应的响应表达式式(3-30)～式(3-31)和式(3-34)～式(3-36)时,其中计算的关键点说明如下。

### 3.4.1　径向求解区域 $R_0$ 的确定

根据偏微分方程理论,径向求解场域被限定在 $0 \leqslant \rho \leqslant R_0$ 的有限范围内,对应的本征谱问题被转化为有限区域离散本征谱问题[11],因此,线圈的矢量磁位、感应电势及其阻抗的表达式均为级数形式,且离散本征值 $\lambda_m$ 的取值仅依赖于 $R_0$,见式(3-13)。所以,计算时必须首先确定 $R_0$ 的大小。

如图 3-3 所示,线圈匝密度 $n_s$ 一定,外径 $r_2$ 不同时,线圈磁场沿径向的传输特性表明,90%以上的磁场集中在 3 倍线圈直径的范围内,且 $r_2$ 越大,磁场传输越远,两者成正比。因此,$R_0$ 以 $r_2$ 为标准,必须足够大,使磁场沿径向能有效衰减为零,以保证计算结果的准确性。根据磁场在空气中的传播特性,一般选择 $R_0 \geqslant 40r_2$。

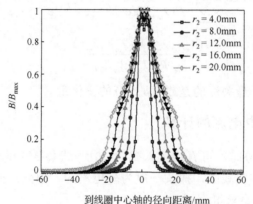

图 3-3　线圈磁场沿径向的传输特性

### 3.4.2　级数总求和项 $M$ 的确定

确定了径向半径 $R_0$,在计算级数表达式时,由给定的计算精度确定总求和项数 $M$。根据 Bessel 函数性质及计算经验,增加 $M$ 能提高计算精度,但 $M$ 增加到一定程度之后会引起级数发散。此时若还需提高计算精度,则必须同时增加 $R_0$ 和 $M$。

### 3.4.3　Bessel 函数积分的计算

在圆柱形线圈阻抗及感应电势的表达式中,存在一个函数,即

$$I(\lambda r_1, \lambda r_2) = \int_{\lambda r_1}^{\lambda r_2} x J_1(x) \mathrm{d}x$$

它是第一类一阶 Bessel 函数的积分，不能用初等函数的有限形式表达，文献[12]中对包含上式的广义类 Sommerfeld 积分的计算方法进行了讨论，分析了连续本证谱 $\lambda$ 未知情况下 $J_1(x)$ 的渐进展开求解。但从 $I(\lambda r_2, \lambda r_1)$ 本身来看，它只与 $\lambda$ 和线圈内、外径有关。当限定了径向求解区域，$\lambda$ 根据式 (3-13) 求出之后，$I(\lambda r_2, \lambda r_1)$ 可展开成下式，预先计算出来：

$$
\begin{aligned}
I(x_2, x_1) = &\frac{\pi}{2} x_1 \left[ J_1(x_1) H_0(x_1) - J_0(x_1) H_1(x_1) \right] \\
&+ \frac{\pi}{2} x_2 \left[ J_0(x_2) H_1(x_2) - J_1(x_2) H_0(x_2) \right]
\end{aligned}
\tag{3-37}
$$

式中，$H_0(x)$ 和 $H_1(x)$ 是第一类零阶、一阶 Struve 函数。

下面分析瞬态响应的另一个计算难点：多层导体结构瞬态计算中的傅里叶变换。由式 (3-23) 可以看出，当层叠导体的总层数 $n \geqslant 2$ 时，其反射系数 $\Gamma(\lambda_m, \omega)$ 的表达式很复杂，通过对时谐响应表达式进行傅里叶逆变换求其瞬态响应时，不可能像半无限大或有限厚度的单层导体一样得到解析表达式，因此采用快速傅里叶变换法进行数值求解，对计算截止频率的选择标准为：根据信号频谱特征，选择幅值等于最大频谱的 0.05% 所对应的频率为计算的截止频率，以降低截断误差。

采用 Mathematic$^{TM}$ 语言编制计算程序，其流程如图 3-4 所示。

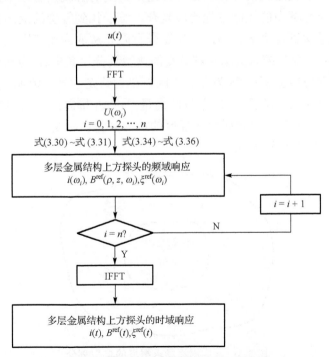

图 3-4　层叠导体瞬态响应的计算流程

## 3.5　层叠导体瞬态涡流场的计算实例与结果对比

以 4 层导体结构为例,应用 3.3~3.4 节中所提出的级数展开求和与快速傅里叶变换相结合求解层叠导体瞬态涡流场的方法,计算得到了矩形脉冲电压激励下,不同导体层发生改变时,检测线圈的感应电压及 $z$ 向反射磁场的时域响应,分析了信号特征量与导体内电磁场传播特性之间的联系,最后与有限元时步法进行了对比,验证了理论推导的正确性,结果表明级数展开结合快速傅里叶变换是一种更快速有效的求解方法。

### 3.5.1　有限元时步法计算瞬态涡流场法问题

有限元法是应用最广泛、适应性最强的一种数值计算方法,它包括基于变分原理的有限元法和伽辽金有限元法。基于变分原理的有限元法要找出一个与所求定解问题相应的泛函,使这一泛函取得极值的函数正是该定解问题的解,从泛函的极值问题出发得到离散化的代数方程组;伽辽金有限元法则是令场方程余量的加权积分在平均意义上为零,取单元的形状函数作为权函数,导出离散化的代数方程组。用直接法或迭代法计算代数方程组,得到的解就是有限单元各节点上待求变量的值。当场域中的控制方程比较复杂,难于找到等价的泛函极值问题时,都可用加权余量法进行离散,因此,伽辽金有限元法的应用范围更广泛。

图 3-5 表示一个三维涡流场求解域 $\Omega$ 的典型划分,其中 $\Omega_1$ 为涡流区,含有导电媒质,但不含外电流源;$\Omega_2$ 为非涡流区,包含给定的外电流源 $J_s$;$S_{12}$ 是 $\Omega_1$ 和 $\Omega_2$ 的内部分界面;$\mathbf{n}_{12}$ 表示 $S_{12}$ 的单位法向量,由 $\Omega_1$ 指向 $\Omega_2$。$\Omega$ 的外边界 $S$ 分成 $S_B$ 和 $S_H$ 两部分,在 $S_B$ 上给定磁感应强度的法向分量;在 $S_H$ 上给定磁场强度的切向分量,$\mathbf{n}$ 为 $S$ 的单位法向量。

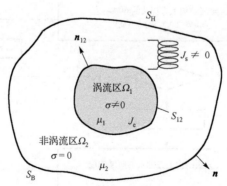

图 3-5　三维涡流场求解域的典型划分

　　用矢量磁位 $A$ 和标量电位 $\varphi$ 表示场的控制方程及边界条件，在涡流区，电场和磁场都需要描述，未知量为 $A$ 和 $\varphi$；在非涡流区，只需要描述磁场，未知量仅为 $A$。根据文献[13]分析，可导出三维涡流场定解问题的数学表述如下。

　　在 $\Omega_1$ 内：

$$\nabla \times \nu \nabla \times A - \nabla(\upsilon \nabla \cdot A) + \sigma\left(\frac{\partial A}{\partial t} + \nabla \varphi\right) = 0 \tag{3-38}$$

$$\nabla \cdot \sigma\left(-\frac{\partial A}{\partial t} - \nabla \varphi\right) = 0 \tag{3-39}$$

　　在 $\Omega_2$ 内：

$$\nabla \times \nu \nabla \times A - \nabla(\upsilon \nabla \cdot A) = J_s \tag{3-40}$$

　　在 $S_{12}$ 边界上：

$$A_1 = A_2 \tag{3-41}$$

$$\upsilon_1 \nabla \cdot A_1 = \upsilon_2 \nabla \cdot A_2 \tag{3-42}$$

$$\nu_1 \nabla \times A_1 \times n_{12} = \nu_2 \nabla \times A_2 \times n_{12} \tag{3-43}$$

$$n_{12} \cdot \left(-\sigma \frac{\partial A_1}{\partial t} - \sigma \nabla \varphi\right) = 0 \tag{3-44}$$

　　在 $S_B$ 边界上：

$$n \times A = 0 \tag{3-45}$$

$$\upsilon \nabla \cdot A = 0 \tag{3-46}$$

　　在 $S_H$ 边界上：

$$n \cdot A = 0 \tag{3-47}$$

$$\nu(\nabla \times A) \times n = 0 \tag{3-48}$$

式中，$\nu$ 为磁阻率，按分区其值取为 $1/\mu_1$ 或 $1/\mu_2$；$\nabla(\upsilon \nabla \cdot A)$ 为罚函数项，在式(3-38)和式(3-40)加入它的目的是为了配合相应的定解条件，确保在整个场域中库仑规范的成立。$\upsilon$ 称为罚因子，它的取值应根据具体问题合理选择，选择原则为确保迭代收敛的前提下，$\upsilon$ 应尽可能地小以便获得较高计算精度。根据经验，在各向同性媒质的涡流分析中，$\upsilon$ 取为磁阻率可得到较好的计算精度[14]。

　　假设电流密度已知，由式(3-38)～式(3-48)给出了描述涡流场问题的数学方程，但当线圈成为外电路的一部分，线圈中的电流则是一个待求量，因此，根据电路原理，线圈自身还必须满足以下电路方程：

$$Ri_c + \frac{\mathrm{d}\psi}{\mathrm{d}t} = u_c \tag{3-49}$$

式中，左边第一项为线圈直流电压，第二项为线圈上的感应电势，右边为线圈端电压 $u_c$。$R$ 为线圈的直流电阻，$i_c$ 为线圈中流过的电流，它与电流密度之间满足如下关系式：

$$J_s = n_s \cdot i_c \tag{3-50}$$

$\psi$ 为线圈的磁链，根据法拉第定律，可表示为矢量磁位 $\boldsymbol{A}$ 的函数，即

$$\psi = n_s \cdot \int_{\Omega_c} \boldsymbol{A}\mathrm{d}\Omega \tag{3-51}$$

式中，$n_s$ 为线圈匝密度，$\Omega_c$ 表示线圈体积。进一步，式(3-49)表示为

$$Ri_c + n_s \cdot \int_{\Omega_c} \frac{\partial \boldsymbol{A}}{\partial t}\mathrm{d}\Omega = u_c \tag{3-52}$$

至此，式(3-38)～式(3-48)及式(3-52)一起构成了描述三维涡流场-路耦合问题的数学模型。

下面应用伽辽金加权余量法导出三维涡流场的有限元方程。将图 3-5 中的场域 $\Omega$ 剖分成 $E$ 个立体单元、$N$ 个节点，任一单元 $e$ 内的矢量磁位 $\boldsymbol{A}^e$ 和标量电位 $\varphi^e$ 可用单元形状函数及该单元节点处的位函数近似表示为[13]

$$\boldsymbol{A}^e = \sum_{k=1}^{n}(N_k^e A_{xk}e_x + N_k^e A_{yk}e_y + N_k^e A_{zk}e_z) \tag{3-53}$$

$$\varphi^e = \sum_{k=1}^{n} N_k^e \varphi_k \tag{3-54}$$

式中，$e$ 表示单元；$N_k^e$ 为单元 $e$ 在节点 $k$ 的形状函数；$n$ 为单元 $e$ 的节点总数；$A_{xk}$、$A_{yk}$ 和 $A_{zk}$ 分别为矢量磁位在节点 $k$ 的 $x$、$y$ 和 $z$ 分量；$\varphi_k$ 为节点 $k$ 的标量电位；$e_x$、$e_y$ 和 $e_z$ 为直角坐标系的单位矢量。

根据式(3-38)和式(3-40)，整个 $\Omega$ 内的控制方程综合表示为

$$\nabla \times \upsilon\nabla \times \boldsymbol{A} - \nabla(\upsilon\nabla \cdot \boldsymbol{A}) + \sigma\left(\frac{\partial \boldsymbol{A}}{\partial t} + \nabla\varphi\right) - n_s \cdot i_c = 0 \tag{3-55}$$

$$\nabla \cdot \sigma\left(-\frac{\partial \boldsymbol{A}}{\partial t} - \nabla\varphi\right) = 0 \tag{3-56}$$

式中，$i$ 和 $\sigma$ 可看做分区定义的函数，在 $\Omega_1$ 内 $i=0$，在 $\Omega_2$ 内 $\sigma=0$。令权函数为形状函数，取式(3-55)的加权积分等于零：

$$\int_{\Omega} N_j \cdot \left[ \nabla \times v\nabla \times \boldsymbol{A} - \nabla(v\nabla \cdot \boldsymbol{A}) + \sigma\left(\frac{\partial \boldsymbol{A}}{\partial t} + \nabla \varphi\right) - n_s \cdot i_c \right] \mathrm{d}\Omega = 0 \tag{3-57}$$

式中，$N_j$ 为节点 $j$ 的形状函数。根据矢量运算、高斯定理及边界条件式(3-42)、式(3-43)、式(3-46)和式(3-48)，上式可简化为

$$\int_{\Omega} \left[ v\nabla \times N_j \cdot \nabla \times \boldsymbol{A} + v\nabla \cdot N_j \nabla \cdot \boldsymbol{A} + \sigma N_j \cdot \left(\frac{\partial \boldsymbol{A}}{\partial t} + \nabla \varphi\right) - N_j \cdot n_s \cdot i_c \right] \mathrm{d}\Omega$$
$$- \int_{s_{\mathrm{H}}} [(v\nabla \cdot \boldsymbol{A})N_j \cdot \boldsymbol{n}] \mathrm{d}s - \int_{s_{\mathrm{B}}} [v\nabla \times \boldsymbol{A} \cdot (\boldsymbol{n} \times N_j)] \mathrm{d}s = 0 \tag{3-58}$$

在有限元离散化方程建立以后，式(3-45)式(3-47)中的两个第一类边界条件应作为强加边界条件处理。对于余量加权积分，在位函数已知的节点上，权函数应取为零，这样才能保证离散化方程组与未知数的个数相等，因此，形状函数 $N_j$ 在 $S_{\mathrm{B}}$ 和 $S_{\mathrm{H}}$ 上应满足：

$$\boldsymbol{n} \times N_j = 0 \tag{3-59}$$

$$\boldsymbol{n} \cdot N_j = 0 \tag{3-60}$$

此时 $j$ 在边界 $S_{\mathrm{B}}$、$S_{\mathrm{H}}$ 上取值，式(3-58)中最后两项面积分为零，则式(3-59)最终简化为

$$\int_{\Omega} \left[ v\nabla \times N_j \cdot \nabla \times \boldsymbol{A} + v\nabla \cdot N_j \nabla \cdot \boldsymbol{A} + \sigma N_j \cdot \left(\frac{\partial \boldsymbol{A}}{\partial t} + \nabla \varphi\right) - N_j \cdot n_s \cdot i_c \right] \mathrm{d}\Omega = 0 \tag{3-61}$$

同样，以 $N_j$ 为权函数，取式(3-56)的加权积分为零：

$$\int_{\Omega_1} N_j \cdot \left[ \nabla \cdot \sigma\left(-\frac{\partial \boldsymbol{A}}{\partial t} - \nabla \varphi\right) \right] \mathrm{d}\Omega = 0 \tag{3-62}$$

根据矢量运算、高斯定理及边界条件式(3-54)，上式简化为

$$\int_{\Omega_1} \nabla N_j \cdot \left( \sigma\frac{\partial \boldsymbol{A}}{\partial t} + \sigma\nabla \varphi \right) \mathrm{d}\Omega = 0 \tag{3-63}$$

由此看出，式(3-57)和(3-62)中所含二阶导数运算被转换成一阶导数，并纳入了相关的边界条件，式(3-58)和(3-63)成为伽辽金加权积分方程的弱表述，$S_{12}$ 上所有的边界条件式(3-41)～式(3-44)、$S_{\mathrm{B}}$ 和 $S_{\mathrm{H}}$ 上的边界条件式(3-46)和式(3-48)自动满足，成为自然边界条件，式(3-45)和(3-47)则是强加边界条件。

对电路方程式(3-52)，同样以 $N_j$ 为权函数，取其加权积分为零：

$$\int_{\Omega_c} N_j \cdot \left[ Ri_c + n_s \cdot \frac{\partial \boldsymbol{A}}{\partial t} - u_c \right] \mathrm{d}\Omega = 0 \tag{3-64}$$

联立式(3-61)、式(3-63)和式(3-64)，可得到涡流场与电路耦合问题的有限元方

程可用矩阵表示为

$$
\begin{bmatrix} \int_\Omega [v\nabla \times N_j \cdot \nabla \times () + \upsilon \nabla \cdot N_j \nabla \cdot ()] \, d\Omega & 0 & -\int_\Omega N_j \cdot n_s \cdot () \, d\Omega \\ 0 & 0 & 0 \\ 0 & 0 & \int_{\Omega_c} N_j \cdot R() \, d\Omega \end{bmatrix} \begin{bmatrix} A \\ \phi \\ i_c \end{bmatrix}
$$

$$
+ \begin{bmatrix} \int_\Omega \sigma N_j \cdot () \, d\Omega & \int_\Omega \sigma N_j \cdot \nabla () \, d\Omega & 0 \\ \int_{\Omega_1} \nabla N_j \cdot \sigma () \, d\Omega & \int_\Omega \nabla N_j \cdot \sigma \nabla () \, d\Omega & 0 \\ \int_{\Omega_c} N_j \cdot n_s \cdot () \, d\Omega & 0 & 0 \end{bmatrix} \frac{\partial}{\partial t} \begin{bmatrix} A \\ \phi \\ i_c \end{bmatrix} = \begin{bmatrix} 0 \\ 0 \\ \int_{\Omega_c} N_j \cdot u_c \, d\Omega \end{bmatrix}
$$

(3-65)

式中，$\varphi = \dfrac{\partial \phi}{\partial t}$。将式(3-65)在求解域内写成单元体积分的总和，并结合式(3-53)
和式(3-54)导出有限元离散化方程组，用直接法或迭代法求解计算。

有限元时步法是求解瞬态涡流场的一种常用方法[14]。上面用伽辽金加权余量
法导出了涡流场-路耦合的有限元离散化方程式，可用进一步用矩阵表示为

$$
K[A, \phi, i_c] + Q\left[\frac{\partial A}{\partial t}, \frac{\partial \phi}{\partial t}, \frac{\partial i_c}{\partial t}\right] = S \tag{3-66}
$$

式中，$K$ 和 $Q$ 为系数矩阵，均与时间无关。在瞬态问题的计算中，除了对求解场域
进行空间离散以外，还需要对时间变量进行离散。采用两点差分格式求解式(3-66)，
则有

$$
\left(\frac{1}{\Delta t}Q + K\tau\right)[A, \phi, i_c]_{t+\Delta t} = \left[\frac{1}{\Delta t}Q - K(1-\tau)\right][A, \phi, i_c]_t + S_t \tag{3-67}
$$

上式即为瞬态涡流场的时步法计算格式，不同的 $\tau$ 值与不同的权函数相对应，在
下面的实例计算中，取 $\tau$=0.5(Crank-Nicholson 方法)。

### 3.5.2　计算实例与两种方法的计算结果对比

计算参数如下：激励线圈内半径 $r_1$=4.5mm，外半径 $r_2$=7.5mm，高 $h$=6.0mm，
匝数 $N$=875，检测线圈内半径 $r_3$=1.5mm，外半径 $r_4$=2.5mm，高 $h_p$=2.0mm，匝数
$N'$=600，探头的提离 $l_1$=0.5mm。待测对象为 4 层导体结构，各层板厚均为 1.5mm，
电导率为 $3.77\times10^7$S/m，各层导体之间存在 0.5mm 的气隙。

给激励线圈加载图 3-6 所示的矩形脉冲电压，其幅值为 25V，脉宽 10ms，以
保证涡流能有效渗透到导体结构的最底层。截取一个周期信号作快速傅里叶变换
可知，其频谱仅包含了直流和奇次谐波分量，且谐波幅度依次递减，当频率大于

100kHz 时，其幅值已经很小，低于基频（50Hz）的 0.05%，因此取 100kHz 为计算截止频率。

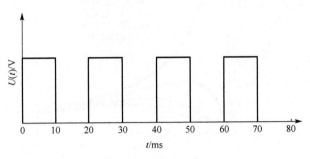

图 3-6　激励信号

为验证理论计算结果的正确性，同时利用 ANSYS APDL 语言建立对应的二维场-路耦合计算的有限元计算程序（对涡流场开域问题的求解方法，已利用 TEAM Workshop Problem 7 进行了正确性验证[15]），采用时步法直接求解，时间步长为 1μs。由楞次定律可知，响应信号具有反对称特性，因此只需计算前半个周期。

当厚度变化发生在不同导体层上时，两种方法计算得到感应电压和反射磁场的差分信号如图 3-7 和图 3-8 所示。由图可见，信号存在两个较为明显的特征量：信号的峰值和信号的起始时间，其中峰值大小与待测参数的变化量有关，而信号的起始时间则反映了发生改变的位置，位置越深，信号的起始时间就越晚，同时信号的峰值也越小。这主要是因为：①电磁场的传播需要时间，如图 3-9 所示，磁场到达第二层表面 $t=0.035$ms，第三层表面 $t=0.126$ms，第四层表面 $t=0.269$ms，穿透四层导体则总共用去 0.398ms；②导体使电磁场产生了衰减，并过滤掉了高次谐波分量。

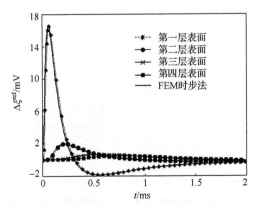

图 3-7　检测线圈感应电压的时域差分信号 $\Delta\xi^{\mathrm{ref}}$（$z=0.25$mm）

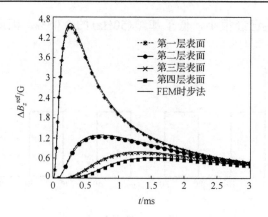

图 3-8 $z$ 向反射磁场的时域差分信号 $\Delta B_z^{\text{ref}}$（$z=0.25\text{mm}$）

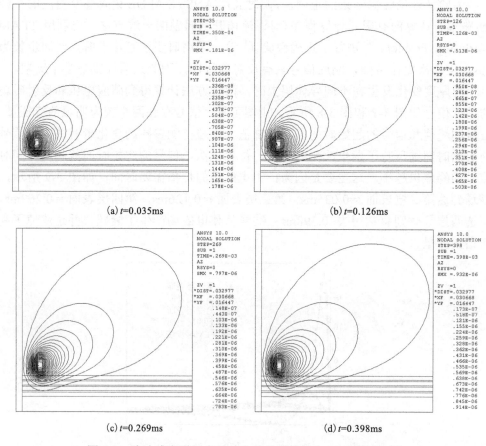

(a) $t=0.035\text{ms}$

(b) $t=0.126\text{ms}$

(c) $t=0.269\text{ms}$

(d) $t=0.398\text{ms}$

图 3-9 脉冲感应磁场在导体内的传播特性（$rA_z$，局部放大）

在采用 FFT-IFFT 算法求解瞬态响应时，由于对无限长的频谱做了截断处理，和时步法相比，信号跃变点附近存在轻微振荡，误差在 1.24%～2.09%，做差分之后，其振荡会减弱。表 3-1 和表 3-2 是理论表达式和有限元法结果的对比，$\Delta B_z^{\text{ref}}$ 差分信号的峰值误差最大为 3.45%，峰值时间最长相差 0.013ms，$\Delta \xi^{\text{ref}}$ 差分信号的峰值误差最大为 1.07%，峰值时间最长相差 0.004ms，由此可见，两者所得结果基本一致。

**表 3-1　对比两种方法计算得到的 $\Delta B_z^{\text{ref}}$ 的结果**

| 导体厚度变化 | 理论计算(级数展开和快速傅里叶相结合) | | 有限元计算(时步法) | | 相对计算偏差 | |
| --- | --- | --- | --- | --- | --- | --- |
| | 峰值时间/ms | 峰值大小/G | 峰值时间/ms | 峰值大小/G | 时间/% | 峰值/% |
| 第一层 | 0.256 | 4.497 | 0.256 | 4.602 | 0 | 2.28 |
| 第二层 | 0.735 | 1.253 | 0.722 | 1.284 | 1.80 | 2.41 |
| 第三层 | 1.324 | 0.759 | 1.311 | 0.782 | 0.10 | 2.94 |
| 第四层 | 1.537 | 0.588 | 1.522 | 0.609 | 0.99 | 3.45 |

**表 3-2　对比两种方法计算得到的 $\Delta \xi^{\text{ref}}$ 的结果**

| 导体厚度变化 | 理论计算(级数展开和快速傅里叶相结合) | | 有限元计算(时步法) | | 相对计算偏差 | |
| --- | --- | --- | --- | --- | --- | --- |
| | 峰值时间/ms | 峰值大小/mV | 峰值时间/ms | 峰值大小/mV | 时间/% | 峰值/% |
| 第一层 | 0.067 | 16.419 | 0.066 | 16.506 | 1.52 | 0.53 |
| 第二层 | 0.219 | 1.963 | 0.218 | 1.967 | 0.46 | 0.21 |
| 第三层 | 0.587 | 0.653 | 0.583 | 0.649 | 0.69 | 0.63 |
| 第四层 | 0.752 | 0.501 | 0.749 | 0.496 | 0.40 | 1.07 |

以上例子表明，利用级数展开和快速傅里叶变换相结合对多层导体结构求瞬态响应是一种快速有效的方法。该方法只需对求解域大小及计算截止频率进行控制，计算时间仅为 0.5h 左右。而有限元时步法在时域直接求解时，由于脉冲涡流场含有较高频率分量，趋肤深度小，空间网格剖分和时间步长都必须很小，因此计算量很大，需要 7h 以上。

## 3.6　本　章　小　结

本章主要围绕多层导体脉冲涡流检测理论模型的建立及计算，主要工作及结论如下。

(1)将待测对象由单层导体扩充到任意 $n$ 层层叠导体，导出了导体结构对线圈探头的反射系数，归纳为 $n$ 个子矩阵相乘的形式，它包含了各层导体的材料属性、厚度以及层间间隙大小。

(2)导出 $n$ 层层叠导体结构上方同轴双线圈探头时谐响应的级数表达式。当层

叠导体的总层数 $n \geqslant 2$ 时，其反射系数极为复杂，不可能像半无限大或有限厚度的单层导体一样采用傅里叶逆变换得到解析解，因此采用快速傅里叶变换法进行数值求解。

(3)用快速傅里叶变换计算了多层结构中不同导体层发生变化时，检测线圈的感应电压及 $z$ 向反射磁场的时域响应，分析了信号特征量与导体内电磁场传播特性之间的联系。

(4)与有限元时步法进行了对比，验证了理论推导的正确性，结果表明级数展开结合快速傅里叶变换是一种更快速有效地求解多层导体瞬态涡流场的计算方法。

这为实际解决多层导体脉冲涡流检测中探头的提离干扰、各类隐藏腐蚀导致的金属层减薄、层离间隙变化等检测问题提供了理论参考，同时也奠定脉冲涡流检测中逆问题研究的基础。

## 参 考 文 献

[1] Hellier C J. Handbook of Nondestructive Evaluation[M]. New York: McGraw-Hill, 2003.

[2] Peter J S. Nondestructive Evaluation: Theory, Techniques and Applications[M]. New York: Marcel Dekker, 2002.

[3] Lepine B A, Giguere J S R, Forsyth D S, et al. Interpretation of pulsed eddy current signals for locating and quantifying metal loss in thin skin lap splices[J]. Review of Quantitative Nondestructive Evaluation, 2002, 21: 415-422.

[4] Bowler J R, Johnson M. Pulsed eddy-current response to a conducting half-space[J]. IEEE Transactions on Magnetics, 1997, 33(3): 2258-2264.

[5] Haan V O, Jong P A. Analytical expressions for transient induction voltage in a receiving coil due to a coaxial transmitting coil over a conducting plate[J]. IEEE Transactions on Magnetics, 2004, 40(2): 371-378.

[6] Pavo J. Numerical calculation method for pulsed eddy-current testing[J]. IEEE Transactions on Magnetics, 2002, 38(2): 1169-1172.

[7] Li Y, Theodoulidis T, Tian G Y. Magnetic field-based eddy-current modeling for multilayered specimens[J]. IEEE Transactions on Magnetics, 2007, 43(11): 4010-4015.

[8] Tsuboi H, Seshima N, Pavo J, et al. Transient eddy current analysis of pulsed eddy current testing by finite element method[J]. IEEE Transactions on Magnetics, 2004, 40(2): 1330-1333.

[9] 幸玲玲. 用时域有限元边界元耦合法计算三维瞬态涡流场[J]. 中国电机工程学报, 2005, 25(19): 131-134.

[10] Zhang Y H, Sun H X, Luo F L. 3D magnetic field responses to a defect using a tangential driver-coil for pulsed eddy current testing[C]// The 17th World Conference Nondestructive Testing, Shanghai, 2008: 10.

[11] 王元明. 数学物理方程与特殊函数[M]. 北京: 高等教育出版社, 2005.

[12] 程建春. 数学物理方程及其近似方法[M]. 北京: 科学出版社, 2004.

[13] Biro O, Preis K. On the use of the magnetic vector potential in the finite element analysis of three-dimensional eddy currents[J]. IEEE Transactions on Magnetics, 1989, 25(4): 3145-3159.

[14] 谢德馨. 三维涡流场的有限元分析[M]. 北京: 机械工业出版社, 2008.

[15] 张玉华, 罗飞路, 孙慧贤. 层叠导体脉冲涡流检测中探头瞬态响应的快速计算[J]. 中国电机工程学报, 2009, 29(36): 129-134.

# 第4章 圆台状脉冲涡流差分传感器设计

## 4.1 概　述

在脉冲涡流检测中，传感器的性能直接影响着检测结果，通常脉冲涡流检测传感器主要包括激励线圈和检测单元两部分，常用的检测单元主要为感应线圈和磁敏元件两种，由于磁敏元件能够直接测量缺陷附近的磁场，且具有分辨率高、低频响应能力强等特点，因而其在脉冲涡流检测中已得到了广泛应用[1]。当采用磁敏元件作为检测单元检测时，为提高缺陷检测能力，通常通过分析差分检测信号的特征来获取被测缺陷信息[2]。目前获取差分检测信号的方法主要有两种，一种是分别提取被测试件缺陷位置与无缺陷位置的检测信号，而后将二者做差分处理。然而，在实际脉冲涡流检测中，被测试件不同位置的表面情况有时会存在一定的差异，因此该方法获取的差分检测信号会受被测试件表面情况的影响。另一种获取差分检测信号的方法是使用差分传感器。差分传感器在激励线圈的顶部和底部分别放置了磁敏元件，通过将两磁敏元件的检测信号做差即可得到差分检测信号。差分传感器虽然能消除被测试件表面情况变化对信号的影响，然而，由于激励线圈顶部和底部磁敏元件受被测试件影响不同，因而该方法得到的差分检测信号在包含缺陷信息的同时也会包含大量的被测试件属性信息。

本章以脉冲涡流检测理论为依据，设计一种圆台状脉冲涡流差分传感器，并根据电磁波反射与透射理论建立该传感器的磁场解析模型，通过分析线圈结构与差分信号特征之间的关系确定传感器的最优结构，以进一步提高脉冲涡流差分传感器的缺陷检测能力。

## 4.2 圆台状差分传感器设计

传统脉冲涡流差分传感器采用的是圆柱形激励线圈，通过检测线圈顶部和底部叠加磁场的变化得到差分检测信号。由于顶部检测元件距被测试件较远，感应涡流磁场对其影响较小，而底部检测元件受涡流磁场影响较大，且两检测元件受激励磁场的影响相同，因而差分检测信号主要反映了涡流磁场的变化。由前述分析可知，当被测试件中存在缺陷时，涡流磁场不仅会包含缺陷信息，也会包含被测试件的属性信息。在采用脉冲涡流技术对缺陷进行检测时，应使检测信号中包含缺陷信息的同时尽可能减少其他信息的影响，因此，若能通过改变涡流磁场减小被测试件属性信息对差分检测信号的影响，就能够有效提高脉冲涡流差分传感器的缺陷检测能力。

采用差分传感器检测时，由于检测元件检测的是激励磁场和感应涡流磁场的叠加磁场，因此可通过改变激励磁场，等效为改变涡流磁场，来调节叠加磁场的强度，以减弱被测试件属性信息对差分信号的影响。此外，脉冲涡流检测中感应涡流磁场本质上是激励磁场反射和透射的叠加效应，激励磁场和感应涡流磁场的关系可通过反射和透射系数来定量描述[3,4]。由于圆台状激励线圈能通过改变顶部和底部半径调节激励磁场的大小，因而，为提高脉冲涡流差分传感器的缺陷检测能力，本章采用圆台状线圈作为激励线圈，设计一种圆台状脉冲涡流差分传感器，并根据电磁波反射和透射理论建立该圆台状差分传感器的磁场解析模型，以为该传感器的结构设计提供理论依据。

## 4.3　电磁波反射与透射基本理论

### 4.3.1　电磁波在半空间的反射与透射

当一个均匀平面电磁波由一种介质斜入射到另一种介质时，会发生反射和透射，而任意极化方向的线极化均匀平面电磁波均可分为垂直极化波（TE 波）和平行极化波（TM 波），因此，在讨论电磁波的斜入射问题时，通常分为垂直极化波和平行极化波两种情况来分别讨论，最后通过将两个分量的反射波和透射波叠加即可获得平面电磁波的反射波和透射波。

考虑垂直极化波的反射和透射问题，其示意图如图 4-1 所示。图中各区域中的介质均为线性均匀且各向同性的静态介质。

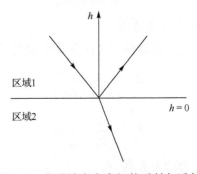

图 4-1　电磁波在半空间的反射与透射

由图 4-1 可知，当垂直极化波由区域 1 入射到区域 2 时，在两区域界面处发生了反射和透射现象，在区域 1 中即存在入射波也存在反射波，此时，该区域中的波可用 $e^{\pm ik_{1h}h}$ 的线性叠加式来表示[5]，即

$$e_1(h) = e_0 e^{-ik_{1h}h} + R_\perp e_0 e^{ik_{1h}h} \tag{4-1}$$

式中，$e_0 e^{-ik_{1h}h}$ 为上半空间中的上行波；$R_\perp e_0 e^{ik_{1h}h}$ 为上半空间中的下行波；$R_\perp$ 为反射波振幅与入射波振幅的比值。此外，从图 4-1 还可以看出，在区域 2 中仅存在透射波，该区域中的透射波一般可表示为

$$e_2(h) = T_\perp e_0 e^{-ik_{2h}h} \tag{4-2}$$

式中，$T_\perp$ 为透射波振幅与入射波振幅的比值。$k_{ih} = \sqrt{k_i^2 - k_x^2}$，其中 $k_i^2 = \omega^2 \mu_i \varepsilon_i$，$\mu_i$ 和 $\varepsilon_i$ 分别为磁导率和介电常数，$i$ 和 $x$ 分别代表不同的介质。

在 $h = 0$ 平面内应用边界条件

$$e_1(h) = e_2(h) \tag{4-3}$$

$$\mu_1^{-1} \frac{\mathrm{d}}{\mathrm{d}h} e_1(h) = \mu_2^{-1} \frac{\mathrm{d}}{\mathrm{d}h} e_2(h) \tag{4-4}$$

可得

$$1 + R_\perp = T_\perp \tag{4-5}$$

$$\frac{k_{1h}}{\mu_1}(1 - R_\perp) = \frac{k_{2h}}{\mu_2} T_\perp \tag{4-6}$$

通过求解上述方程可得

$$R_\perp = \frac{\mu_2 k_{1h} - \mu_1 k_{2h}}{\mu_2 k_{1h} + \mu_1 k_{2h}} \tag{4-7}$$

$$T_\perp = \frac{2\mu_2 k_{1h}}{\mu_2 k_{1h} + \mu_1 k_{2h}} \tag{4-8}$$

式中，$R_\perp$ 为反射系数；$T_\perp$ 为透射系数。

同样，对于平行极化波亦可得反射系数和透射系数分别为

$$R_\parallel = \frac{\varepsilon_2 k_{1h} - \varepsilon_1 k_{2h}}{\varepsilon_2 k_{1h} + \varepsilon_1 k_{2h}} \tag{4-9}$$

$$T_\parallel = \frac{2\varepsilon_2 k_{1h}}{\varepsilon_2 k_{1h} + \varepsilon_1 k_{2h}} \tag{4-10}$$

式中，$R_\parallel$ 为反射系数；$T_\parallel$ 为透射系数。

## 4.3.2　电磁波在三层介质中的反射与透射

将上述电磁波在半空间的反射与透射理论进一步扩展到电磁波在三层介质中的反射与透射效应，如图 4-2 所示。

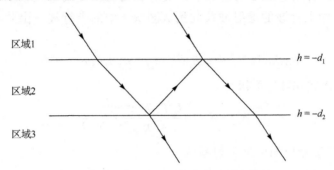

图 4-2　电磁波在三层介质中的反射与透射

设区域 1 与区域 2 交界面的坐标为 $h = -d_1$，区域 2 与区域 3 交界面的坐标为 $h = -d_2$。则此时区域 1 中的电磁波可表示为

$$e_1(h) = B_1(\mathrm{e}^{-ik_{1h}h} + R'_{12}\mathrm{e}^{2ik_{1h}hd_1 + ik_{1h}h}) \tag{4-11}$$

式中，$R'_{12}$ 为反射系数，其值等于区域 1 与区域 2 交界面处上行波幅值与下行波幅值的比值。

区域 2 中电磁波的表示形式与区域 1 中相似，可表示为

$$e_2(h) = B_2(\mathrm{e}^{-ik_{2h}h} + R'_{23}\mathrm{e}^{2ik_{2h}hd_2 + ik_{2h}h}) \tag{4-12}$$

式中，$R'_{23}$ 为反射系数，其值等于区域 2 与区域 3 交界面处上行波幅值与下行波幅值的比值。由于在区域 3 中电磁波并没有发生反射和透射效应，此时反射系数 $R'_{23}$ 可描述为

$$R'_{23} = \frac{\mu_3 k_{2h} - \mu_2 k_{3h}}{\mu_3 k_{2h} + \mu_2 k_{3h}} \tag{4-13}$$

在区域 3 中只有上行波发生，因而该区域电磁波可表示为

$$e_3(h) = B_3\mathrm{e}^{-ik_{3h}h} \tag{4-14}$$

上述等式中 $B_2$、$B_3$ 和 $R'_{12}$ 可根据各边界条件求得。

通过分析图 4-2 可知，区域 1 中下行波的透射波与区域 2 中上行波的反射波共同构成区域 2 中的下行波。因而，在区域 1 与区域 2 的交界面处可得

$$B_2\mathrm{e}^{ik_{2h}d_1} = T_{12}B_1\mathrm{e}^{ik_{1h}d1} + R_{21}B_2 R_{23}\mathrm{e}^{2ik_{1h}d_1 - ik_{1h}d_1} \tag{4-15}$$

求解上式可得

$$B_2 = \frac{T_{12}e^{i(k_{1h} - k_{2h})d_1}}{1 - R_{21}R_{23}e^{2ik_{2h}(d_2 - d_1)}}B_1 \tag{4-16}$$

此外,通过分析区域 1 与区域 2 的交界面处可以发现,区域 1 中下行波的反射波与区域 2 中上行波的透射波共同构成区域 1 中的上行波。由此在该交界面处可得

$$B_1R'_{12}e^{2ik_{1h}d_1 - ik_{1h}d_1} = B_1e^{ik_{1h}d_1}R_{12} + T_{21}B_2R_{23}e^{2ik_{2h}d_2 - ik_{2h}d_1} \tag{4-17}$$

将式(4-16)代入式(4-17)可得

$$R'_{12} = R_{12} + \frac{T_{12}R_{23}T_{21}e^{2ik_{2h}(d_2 - d_1)}}{1 - R_{21}R_{23}e^{2ik_{2h}(d_2 - d_1)}} \tag{4-18}$$

式中,$R'_{12}$ 为三层介质的广义反射系数。

由上述计算可知,在计算广义反射系数时,并没有考虑区域 2 中电磁波在 $h = -d_1$ 界面处后续的透射效应及在 $h = -d_2$ 界面处后续的反射效应。这是因为广义反射系数可展开为无穷级数

$$R'_{12} = R_{12} + T_{12}R_{23}T_{21}e^{2ik_{2h}(d_2 - d_1)} + T_{12}R_{23}^2R_{21}T_{21}e^{4ik_{2h}(d_2 - d_1)} + \cdots + T_{12}R_{23}^nR_{21}^{n-1}T_{21}e^{2nik_{2h}(d_2 - d_1)} + \cdots$$
$$\tag{4-19}$$

在以上级数展开式中,首项 $R_{12}$ 是区域 1 中下行波在 $h = -d_1$ 界面处的反射系数,$T_{12}R_{23}^nR_{21}^{n-1}T_{21}e^{2nik_{2h}(d_2 - d_1)}$ 是区域 2 中上行波在 $h = -d_2$ 界面处经 $n$ 次反射后上行波的幅值。由式(4-19)可知,广义反射系数包含了电磁波在区域 2 中无数次反射与透射效应的结果,它将电磁波在各区域的反射与透射联系起来,是电磁波在 $h = -d_1$ 界面处反射、透射及在 $h = -d_2$ 界面处无数次反射的综合结果。

式(4-19)虽然能够为广义反射系数提供清晰的解释,如图 4-3 所示(图中 $\lambda = e^{ik_{2h}(d_2 - d_1)}$),然而在计算式(4-19)时有时会出现不收敛的现象,因而通常采用式(4-18)求得广义反射系数。

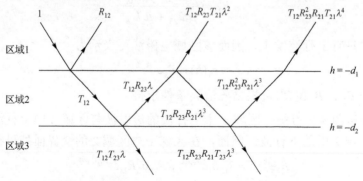

图 4-3 电磁波在三层介质中广义反射系数的解释

### 4.3.3　电磁波在任意多层介质中的反射与透射

将三层介质结构添加到任意 $n$ 层时(如图 4-4 所示)，其广义反射系数的计算过程如下。

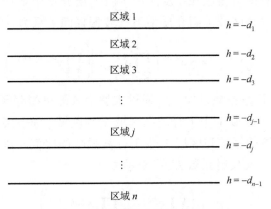

图 4-4　$n$ 层介质中电磁波的反射与透射

通常第 $j$ 层介质中电磁波的表达式为

$$e_j(h) = B_j(\mathrm{e}^{-ik_{jh}h} + R'_{j,j+1}\mathrm{e}^{2ik_{jh}d_j+ik_{jh}h}) \tag{4-20}$$

当介质的层数为 $n$ 时，有 $R'_{n,n+1} = 0$。经计算证明可得以下结论：对于 $n$ 层介质结构，其广义反射系数 $R'_{j,j+1}$ 通常可由下式递推得到：

$$R'_{j,j+1} = R_{j,j+1} + \frac{T_{j,j+1}R'_{j+1,j+2}T_{j+1,j}\mathrm{e}^{2ik_{(j+1)h}(d_{j+1}-d_j)}}{1 - R_{j+1,j}R'_{j+1,j+2}\mathrm{e}^{2ik_{(j+1)h}(d_{j+1}-d_j)}} \tag{4-21}$$

式中，$R_{j,j+1}$ 和 $T_{j,j+1}$ 分别为垂直极化波的菲涅尔反射和透射系数。

利用关系式 $T_{j,j+1} = 1 + R_{j,j+1}$ 和 $R_{j,j+1} = -R_{j+1,j}$ 对式(4-21)简化可得

$$R'_{j,j+1} = \frac{R_{j,j+1} + R_{j,j+1}R'_{j+1,j+2}\mathrm{e}^{2ik_{(j+1)h}(d_{j+1}-d_j)}}{1 + R_{j,j+1}R'_{j+1,j+2}\mathrm{e}^{2ik_{(j+1)h}(d_{j+1}-d_j)}} \tag{4-22}$$

由前述分析可知，在区域 $j+1$ 中，其下行波等于区域 $j$ 中下行波的透射与区域 $j+1$ 中上行波反射波的总和。由此可得在边界 $h = -d_j$ 处

$$B_{j+1}\mathrm{e}^{ik_{(j+1)h}d_j} = T_{j,j+1}B_j\mathrm{e}^{ik_{jh}d_j} + R_{j+1,j}B_{j+1}R'_{j+1,j+2}\mathrm{e}^{2ik_{jh}d_j-ik_{jh}d_j} \tag{4-23}$$

经整理上式可得

$$B_{j+1}\mathrm{e}^{ik_{(j+1)h}d_j} = \frac{T_{j,j+1}\mathrm{e}^{ik_{jh}d_j}}{1 - R_{j+1,j}R'_{j+1,j+2}\mathrm{e}^{2ik_{(j+1)h}(d_{j+1}-d_j)}}B_j = S_{j,j+1}B_j\mathrm{e}^{ik_{jh}d_j} \tag{4-24}$$

式中

$$S_{j,j+1} = \frac{T_{j,j+1}}{1 + R_{j,j+1}R'_{j+1,j+2}e^{2ik_{(j+1)h}(d_{(j+1)}-d_j)}} \tag{4-25}$$

经求解式(4-24)即可得区域 $j$ 及区域 $j+1$ 两层介质中下行波振幅间的关系。由此可推导出区域 $j$ 与区域 1 两介质中下行波振幅间关系为

$$B_j e^{ik_{jh}d_{j-1}} = B_1 e^{ik_{1h}d_1} \left( \prod_{m=1}^{j-1} S_{m,m+1} \right) \left( \prod_{l=2}^{j-1} e^{ik_{lh}(d_l-d_{l-1})} \right) \tag{4-26}$$

当区域 1 中下行波振幅已知时,通过求解上式即可得到区域 $j$ 中下行波的幅值。上式定量给出了区域 1 中下行波经区域 1 与区域 $j$ 间多层介质反射和透射后到达区域 $j$ 后下行波的振幅与区域 1 中下行波振幅的比值,该值就是透射系数。由此,多层介质的广义反射系数 $T'_{1,j}$ 可表示为

$$T'_{1,j} = \left( \prod_{m=1}^{j-1} S_{m,m+1} \right) \left( \prod_{l=2}^{j-1} e^{ik_{lh}(d_l-d_{l-1})} \right) \tag{4-27}$$

由于第 $n$ 层介质中没有上行波,因而该层中的电磁波可表示为

$$e_n(h) = B_n e^{ik_{1h}d_1} T'_{1,n} e^{ik_{nh}d_{n-1}} e^{-ik_{nh}h} \tag{4-28}$$

式中

$$T'_{1,n} = \left( \prod_{m=1}^{n-1} S_{m,m+1} \right) \left( \prod_{l=2}^{n-1} e^{ik_{lh}(d_l-d_{l-1})} \right) \tag{4-29}$$

至此,在求解 $n$ 层介质中的电磁波时,若已知区域 1 中电磁波的下行波振幅,则可根据式(4-22)和式(4-27)求得任意层介质中的电磁波。

## 4.4　圆台状差分传感器磁场解析模型

为建立圆台状差分传感器磁场解析模型,首先分析空气中圆柱形线圈的磁场解析模型。空气中圆柱形均匀绕制线圈的几何模型如图 4-5 所示。

假设在柱面 $\rho = R$ 处磁矢位为零,圆柱形线圈磁场域可分为三个场区,其中区域Ⅰ表示空间 $h > l_2$,区域Ⅱ表示空间 $l_1 < h < l_2$,区域Ⅲ表示空间 $h < l_1$。根据毕奥-萨伐尔定律和叠加原理可求得任意点 $(\rho, h)$ 处的矢量磁位为[3]

$$A_Ⅰ = \sum_{i=1}^{\infty} KC_{Ⅰ,i} e^{-\lambda_{0i}h} \tag{4-30}$$

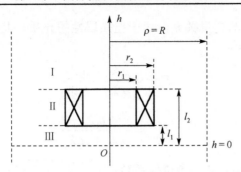

图 4-5　空气中圆柱形线圈模型

$$A_{\text{III}} = \sum_{i=1}^{\infty} \boldsymbol{K} \boldsymbol{C}_{\text{III},i} e^{\lambda_{0i} h} \tag{4-31}$$

式中

$$\boldsymbol{K} = \frac{\alpha \mu_0 i_0 \boldsymbol{J}_1(\lambda_{0i} \rho)(\chi(\lambda_{0i} r_1, \lambda_{0i} r_2))}{[(\lambda_{0i} R) \boldsymbol{J}_0(\lambda_{0i} R)]^2 \lambda_{0i}^2} \tag{4-32}$$

$$\boldsymbol{C}_{\text{I},i} = e^{\lambda_{0i} l_2} - e^{\lambda_{0i} l_1} \tag{4-33}$$

$$\boldsymbol{C}_{\text{III},i} = e^{-\lambda_{0i} l_1} - e^{-\lambda_{0i} l_2} \tag{4-34}$$

$$\chi(\lambda_{0i} r_1, \lambda_{0i} r_2) = \int_{\lambda_{0i} r_1}^{\lambda_{0i} r_2} x \boldsymbol{J}_1(x) \mathrm{d}x \tag{4-35}$$

$$i_0 = \frac{N_c I}{(r_2 - r_1)(l_2 - l_1)} \tag{4-36}$$

式中，$i_0$ 为线圈电流密度；$I$ 为激励电流；$N_c$ 为线圈匝数；$\alpha$ 为调节因子；$r_1$ 和 $r_2$ 分别为线圈的内半径和外半径；$\mu_0$ 为真空磁导率；$\boldsymbol{J}_m$ 为第一类 $m$ 阶 Bessel 函数；$\lambda_{0i}$ 为 Bessel 函数 $\boldsymbol{J}_1(\lambda_0 R)$ 的第 $i$ 个正根。

将 $A_{\text{I}}$ 中的 $l_2$ 和 $A_{\text{III}}$ 中的 $l_1$ 替换为 $h$，而后对二者求和可得区域 II 中矢量磁位表达式为

$$A_{\text{II}} = \sum_{i=1}^{\infty} \boldsymbol{K}(2 - e^{-\lambda_{0i}(h-l_1)} - e^{\lambda_{0i}(h-l_2)}) \tag{4-37}$$

当线圈下方存在导体时，其几何模型如图 4-6 所示。该模型实质上可看做半空间中电磁波的反射和透射问题。

设无限厚导体介质为线性均匀且各向同性介质，$l_1$ 为圆柱线圈与被测导体表面之间的距离，即线圈提离值为 $l_1$。当电磁波由空气入射到导电介质时，在空气与介质分界面处会发生反射和透射现象，且通过反射系数和透射系数可求得入射

波与反射波、透射波的定量关系。对于已知属性的介质，其电磁波反射系数和透射系数可分别表示为[4]

$$F_{0i,1i} = \frac{\mu_1 \lambda_{0i} - \mu_0 \lambda_{1i}}{\mu_1 \lambda_{0i} + \mu_0 \lambda_{1i}} \tag{4-38}$$

$$Z_{0i,1i} = \frac{2\mu_1 \lambda_{0i}}{\mu_1 \lambda_{0i} + \mu_0 \lambda_{1i}} \tag{4-39}$$

式中，$F_{0i,1i}$ 为反射系数；$Z_{0i,1i}$ 为透射系数；$\lambda_{1i} = \sqrt{\lambda_{0i}^2 + j\omega\delta_1\mu_1}$，$\omega$ 为角频率，$\mu_1$ 和 $\delta_1$ 分别为导体介质的磁导率和电导率。

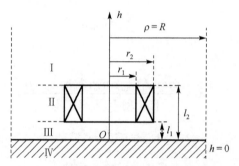

图 4-6  无限厚导体上方圆柱形线圈模型

在脉冲涡流检测中，空间磁场是由激励信号和感应涡流共同产生的，是二者的叠加磁场，而涡流产生的电磁场本质上是激励磁场经导电介质反射和透射后的叠加磁场。由于激励源与其产生的电磁波成线性相关关系，因此，在电磁场问题求解时可以采用叠加原理，因而，图 4-6 中各区域矢量磁位可表示为

$$A_I = A_I^m + A_I^n = \sum_{i=1}^{\infty} K(C_{I,i}e^{-\lambda_{0i}h} + C_{III,i}F_{0i,1i}e^{-\lambda_{0i}h}) \tag{4-40}$$

$$A_{II} = A_{II}^m + A_{II}^n = \sum_{i=1}^{\infty} K(2 - e^{-\lambda_{0i}(h-l_1)} - e^{\lambda_{0i}(h-l_2)} + C_{III,i}F_{0i,1i}e^{-\lambda_{0i}h}) \tag{4-41}$$

$$A_{III} = A_{III}^m + A_{III}^n = \sum_{i=1}^{\infty} KC_{III,i}(e^{\lambda_{0i}h} + F_{0i,1i}e^{-\lambda_{0i}h}) \tag{4-42}$$

$$A_{IV} = \sum_{i=1}^{\infty} KC_{III,i}Z_{0i,1i}e^{\lambda_{1i}h} \tag{4-43}$$

式中，$m$ 为激励磁场；$n$ 为激励磁场经介质反射和透射后的磁场。

在实际检测中，被测导体的厚度是有限的，通过检测导体厚度的变化即可对其腐蚀缺陷情况进行评估，因此，求解有限厚导体上方线圈的磁场同样具有重要意义，其几何检测模型如图 4-7 所示。

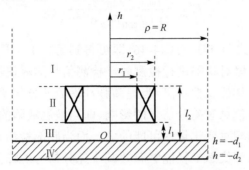

图 4-7　有限厚导体上方圆柱形线圈模型

对于有限厚导体，导体内电磁波由界面 $h=-d_2$ 射入底部空气时，会再次发生反射与折射，此时，各场区中的磁矢位通解表达式为

$$A_{\mathrm{I}} = \sum_{i=1}^{\infty} \boldsymbol{K}(\boldsymbol{C}_{\mathrm{I},i}\mathrm{e}^{-\lambda_{0i}h} + \boldsymbol{C}_{\mathrm{III},i}F'_{0i,1i}\mathrm{e}^{-\lambda_{0i}h}\mathrm{e}^{-2\lambda_{0i}d_1}) \tag{4-44}$$

$$A_{\mathrm{II}} = \sum_{i=1}^{\infty} \boldsymbol{K}(2 - \mathrm{e}^{-\lambda_{0i}(h-l_1)} - \mathrm{e}^{\lambda_{0i}(h-l_2)} + \boldsymbol{C}_{\mathrm{III},i}F'_{0i,1i}\mathrm{e}^{-\lambda_{0i}h}\mathrm{e}^{-2\lambda_{0i}d_1}) \tag{4-45}$$

$$A_{\mathrm{III}} = \sum_{i=1}^{\infty} \boldsymbol{K}\boldsymbol{C}_{\mathrm{III},i}(\mathrm{e}^{\lambda_{0i}h} + F'_{0i,1i}\mathrm{e}^{-\lambda_{0i}h}\mathrm{e}^{-2\lambda_{0i}d_1}) \tag{4-46}$$

$$A_{\mathrm{IV}} = \sum_{i=1}^{\infty} \boldsymbol{C}_{\mathrm{IV},i}(\mathrm{e}^{\lambda_{1i}h} + F_{1i,2i}\mathrm{e}^{-\lambda_{1i}h}\mathrm{e}^{-2\lambda_{1i}d_2}) \tag{4-47}$$

式中，$F'_{0i,1i}$ 为广义反射系数，由前述理论可知，为求解各场区的磁矢位需首先求得 $F'_{0i,1i}$ 和 $\boldsymbol{C}_{\mathrm{IV},i}$。在界面 $h=-d_2$ 处，应用边界条件，则 $F'_{0i,1i}$ 和 $\boldsymbol{C}_{\mathrm{IV},i}$ 满足：

$$\boldsymbol{C}_{\mathrm{IV},i}\mathrm{e}^{-\lambda_{1i}d_1} = Z_{0i,1i}\boldsymbol{K}\boldsymbol{C}_{\mathrm{III},i}\mathrm{e}^{-\lambda_{0i}d_1} + F_{1i,0i}\boldsymbol{C}_{\mathrm{IV},i}F_{1i,2i}\mathrm{e}^{-2\lambda_{1i}d_2}\mathrm{e}^{\lambda_{1i}d_1} \tag{4-48}$$

$$\boldsymbol{K}\boldsymbol{C}_{\mathrm{III},i}F'_{0i,1i}\mathrm{e}^{-\lambda_{0i}d_1} = Z_{1i,0i}\boldsymbol{C}_{\mathrm{IV},i}F_{1i,2i}\mathrm{e}^{-2\lambda_{1i}d_2}\mathrm{e}^{\lambda_{1i}d_1} + F_{0i,1i}\boldsymbol{K}\boldsymbol{C}_{\mathrm{III},i}\mathrm{e}^{-\lambda_{0i}d_1} \tag{4-49}$$

通过求解式(4-48)和式(4-49)可得

$$\boldsymbol{C}_{\mathrm{IV},i} = \boldsymbol{K}\boldsymbol{C}_{\mathrm{III},i}\frac{Z_{0i,1i}\mathrm{e}^{-(\lambda_{0i}-\lambda_{1i})d_1}}{1 - F_{1i,0i}F_{1i,2i}\mathrm{e}^{-2\lambda_{1i}(d_2-d_1)}} \tag{4-50}$$

$$F'_{0i,1i} = F_{0i,1i} + \frac{Z_{0i,1i}F_{1i,2i}Z_{1i,0i}\mathrm{e}^{-2\lambda_{1i}(d_2-d_1)}}{1 - F_{1i,0i}F_{1i,2i}\mathrm{e}^{-2\lambda_{1i}(d_2-d_1)}} \tag{4-51}$$

由于 $Z_{ji,mi} = 1 + F_{ji,mi}$，$F_{ji,mi} = -F_{mi,ji}$，代入式(4-51)可得

$$F'_{0i,1i} = \frac{F_{0i,1i} + F_{1i,2i}e^{-2\lambda_{1i}(d_2-d_1)}}{1 + F_{0i,1i}F_{1i,2i}e^{-2\lambda_{1i}(d_2-d_1)}} \tag{4-52}$$

将式(4-52)代入式(4-44)～式(4-46)即可得到场区Ⅰ、Ⅱ、Ⅲ处的磁矢位。

当采用差分传感器对缺陷进行检测时，检测信号的峰值特征包含缺陷信息的同时也包含了被测导体的属性信息，为提高脉冲涡流差分传感器的缺陷检测能力，应减小被测试件属性信息对差分信号的影响，即当被测缺陷的尺寸变化量一定时，应使差分信号峰值的相对变化量尽可能的大。而当底部检测元件的检测信号基本不变时，通过增加顶部线圈半径能够有效减小差分信号的峰值，因此，本章在传统圆柱形激励线圈的基础上，通过增加线圈顶部半径设计一种圆台状差分传感器，以提高脉冲涡流差分传感器的缺陷检测能力。

圆台状差分传感器检测无限厚导体的几何模型如图4-8所示。

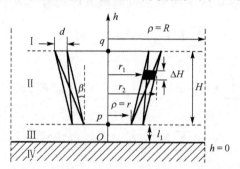

图4-8　无限厚导体上方圆台状线圈模型

如图4-8所示，设圆台状激励线圈的高度为 $H$，线圈厚度为 $d$，底面内半径为 $r$，倾斜角为 $\beta$，线圈距离被测导体表面的距离为 $l_1$，由于圆台状线圈顶部与底部半径不相同，在计算中难以直接计算激励线圈的磁场，为便于求解，将圆台状线圈由下至上分为 $N$ 份，设 $\Delta H = H/N$，当 $N$ 足够大时，可将高为 $\Delta H$ 的部分线圈近似作为圆柱形线圈，此时第 $k$ 份线圈内半径和外半径分别为

$$r_{1k} = \left[\Delta H \cdot \left(k - \frac{1}{2}\right)\right]\tan\beta + r \tag{4-53}$$

$$r_{2k} = r_{1k} + d \tag{4-54}$$

式中，$k = 1,2,3,\cdots,N$。

由上述理论可得，该部分线圈在 $p$ 点和 $q$ 点所在区域产生的矢量磁位可分别表示为

$$A_{pk} = A_{pk}^m + A_{pk}^n = \sum_{i=1}^{\infty} KC'_{\mathrm{III},i}(\mathrm{e}^{\lambda_{0i}h} + F_{0i,1i}\mathrm{e}^{-\lambda_{0i}h}) \tag{4-55}$$

$$A_{qk} = A_{qk}^m + A_{qk}^n = \sum_{i=1}^{\infty} K(C'_{\mathrm{I},i}\mathrm{e}^{-\lambda_{0i}h} + C'_{\mathrm{III},i}F_{0i,1i}\mathrm{e}^{-\lambda_{0i}h}) \tag{4-56}$$

式中

$$C'_{\mathrm{I},i} = \mathrm{e}^{\lambda_{0i}(l_1 + k\cdot\Delta H)} - \mathrm{e}^{\lambda_{0i}(l_1 + k\cdot\Delta H - \Delta H)} \tag{4-57}$$

$$C'_{\mathrm{III},i} = \mathrm{e}^{-\lambda_{0i}(l_1 + k\cdot\Delta H - \Delta H)} - \mathrm{e}^{-\lambda_{0i}(l_1 + k\cdot\Delta H)} \tag{4-58}$$

$$i_0 = \frac{N_c I}{Hd} \tag{4-59}$$

式中，$I$ 为激励电流；$N_c$ 为线圈匝数。

圆台状线圈在 $p$ 点和 $q$ 点所在区域产生的矢量磁位可分别表示为

$$A_p(\rho,h) = \sum_{k=1}^{N} A_{pk} = \sum_{k=1}^{N}\sum_{i=1}^{\infty} KC'_{\mathrm{III},i}(\mathrm{e}^{\lambda_{0i}h} + F_{0i,1i}\mathrm{e}^{-\lambda_{0i}h}) \tag{4-60}$$

$$A_q(\rho,h) = \sum_{k=1}^{N} A_{qk} = \sum_{k=1}^{N}\sum_{i=1}^{\infty} K(C'_{\mathrm{I},i}\mathrm{e}^{-\lambda_{0i}h} + C'_{\mathrm{III},i}F_{0i,1i}\mathrm{e}^{-\lambda_{0i}h}) \tag{4-61}$$

根据 $\boldsymbol{B} = \nabla \times \boldsymbol{A}$，可得 $p$ 点和 $q$ 点所在区域 $h$ 方向上磁感应强度分别为

$$\boldsymbol{B}_{ph} = \frac{1}{\rho}\frac{\partial}{\partial\rho}(\rho A_p)$$

$$= \sum_{k=1}^{N}\sum_{i=1}^{\infty}\frac{\alpha\mu_0 i_0 \chi(\lambda_{0i}r_{1k},\lambda_{0i}r_{2k})}{[(\lambda_{0i}R)\boldsymbol{J}_0(\lambda_{0i}R)]^2 \rho\lambda_{0i}^2}C'_{\mathrm{III},i}(\mathrm{e}^{\lambda_{0i}h} + F_{0i,1i}\mathrm{e}^{-\lambda_{0i}h})[\boldsymbol{J}_1(\lambda_{0i}\rho) + \lambda_{0i}\rho\boldsymbol{J}_1'(\lambda_{0i}\rho)]$$

$$\tag{4-62}$$

$$\boldsymbol{B}_{qh} = \frac{1}{\rho}\frac{\partial}{\partial\rho}(\rho A_q)$$

$$= \sum_{k=1}^{N}\sum_{i=1}^{\infty}\frac{\alpha\mu_0 i_0 \chi(\lambda_{0i}r_{1k},\lambda_{0i}r_{2k})}{[(\lambda_{0i}R)\boldsymbol{J}_0(\lambda_{0i}R)]^2 \rho\lambda_{0i}^2}(C'_{\mathrm{I},i}\mathrm{e}^{-\lambda_{0i}h} + C'_{\mathrm{III},i}F_{0i,1i}\mathrm{e}^{-\lambda_{0i}h})[\boldsymbol{J}_1(\lambda_{0i}\rho) + \lambda_{0i}\rho\boldsymbol{J}_1'(\lambda_{0i}\rho)]$$

$$\tag{4-63}$$

将 $p$ 点与 $q$ 点坐标代入式(4-62)和式(4-63)可得该两点处磁感应强度，再根据式 $H = B/\mu$ 即可求得该两点处的磁场强度。

当采用圆台状差分传感器检测导体厚度时，几何检测模型如图 4-9 所示。

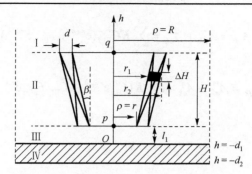

图 4-9 有限厚导体上方圆台状线圈模型

由上述理论可知，在第 $k$ 份线圈作用下，$p$ 点和 $q$ 点的磁矢位通解表达式分别为

$$A_{pk} = \sum_{i=1}^{\infty} KC'_{\text{III},i}(e^{\lambda_{0i}h} + F'_{0i,1i}e^{-\lambda_{0i}h}e^{-2\lambda_{0i}d_1}) \tag{4-64}$$

$$A_{qk} = \sum_{i=1}^{\infty} K(C'_{\text{I},i}e^{-\lambda_{0i}h} + C'_{\text{III},i}F'_{0i,1i}e^{-\lambda_{0i}h}e^{-2\lambda_{0i}d_1}) \tag{4-65}$$

式中

$$C'_{\text{I},i} = e^{\lambda_{0i}(l_1+k\cdot\Delta H)} - e^{\lambda_{0i}(l_1+k\cdot\Delta H-\Delta H)} \tag{4-66}$$

$$C'_{\text{III},i} = e^{-\lambda_{0i}(l_1+k\cdot\Delta H-\Delta H)} - e^{-\lambda_{0i}(l_1+k\cdot\Delta H)} \tag{4-67}$$

为便于计算取 $d_1 = 0$，此时 $e^{-2\lambda_{0i}d_1} = 1$，则根据磁场叠加原理，在圆台状激励线圈作用下，$p$ 点和 $q$ 点的磁矢位通解表达式分别为

$$A_p = \sum_{k=1}^{N} A_{pk} = \sum_{k=1}^{N}\sum_{i=1}^{\infty} KC'_{\text{III},i}(e^{\lambda_{0i}h} + F'_{0i,1i}e^{-\lambda_{0i}h}) \tag{4-68}$$

$$A_q = \sum_{k=1}^{N} A_{qk} = \sum_{k=1}^{N}\sum_{i=1}^{\infty} K(C'_{\text{I},i}e^{-\lambda_{0i}h} + C'_{\text{III},i}F'_{0i,1i}e^{-\lambda_{0i}h}) \tag{4-69}$$

根据 $\boldsymbol{B} = \nabla \times \boldsymbol{A}$，可得 $p$ 点和 $q$ 点处 $h$ 方向上磁感应强度分别为

$$\begin{aligned}
\boldsymbol{B}_{ph} &= \frac{1}{\rho}\frac{\partial}{\partial\rho}(\rho A_p) \\
&= \sum_{k=1}^{N}\sum_{i=1}^{\infty} \frac{\alpha\mu_0 i_0 \chi(\lambda_{0i}r_{1k}, \lambda_{0i}r_{2k})C'_{\text{III},i}(e^{\lambda_{0i}h} + F'_{0i,1i}e^{-\lambda_{0i}h})[\boldsymbol{J}_1(\lambda_{0i}\rho) + \lambda_{0i}\rho\boldsymbol{J}'_1(\lambda_{0i}\rho)]}{[(\lambda_{0i}R)\boldsymbol{J}_0(\lambda_{0i}R)]^2 \rho\lambda_{0i}^2}
\end{aligned}$$

$$\tag{4-70}$$

$$B_{qh} = \frac{1}{\rho} \frac{\partial}{\partial \rho} (\rho A_q)$$

$$= \sum_{k=1}^{N} \sum_{i=1}^{\infty} \frac{\alpha \mu_0 i_0 \chi(\lambda_{0i} r_{1k}, \lambda_{0i} r_{2k})(C'_{1,i} e^{-\lambda_{0i} h} + C'_{\mathrm{III},i} F'_{0i,1i} e^{-\lambda_{0i} h})[J_1(\lambda_{0i} \rho) + \lambda_{0i} \rho J'_1(\lambda_{0i} \rho)]}{[(\lambda_{0i} R) J_0(\lambda_{0i} R)]^2 \rho \lambda_{0i}^2}$$

$$(4\text{-}71)$$

最后根据 $\boldsymbol{H} = \boldsymbol{B}/\mu$ 即可求得 $p$ 点和 $q$ 点处的磁场强度。在工程检测中，通常通过检测 $p$ 点和 $q$ 点处的磁场强度得到差分检测信号，因此，建立圆台状激励线圈作用下磁场解析模型，求解线圈顶部与底部中心处磁场强度，具有重要的理论研究价值。

## 4.5　圆台状差分传感器检测信号特征分析

由上述理论分析可知，圆台状差分传感器检测信号特征会受传感器参数、被测试件属性及提离高度的影响。当被测试件属性及检测条件已知时，检测信号仅受倾斜角 $\beta$ 的影响，为研究圆台状差分传感器检测信号特征与倾斜角的关系，使设计的激励线圈结构最优，分别计算了倾斜角为不同值时铝试件的差分检测信号，计算中所用圆台状激励线圈参数如表 4-1 所示，$N = 100$。

表 4-1　圆台状差分传感器参数

| 尺寸参数 | 数值 |
|---|---|
| 高度/ mm | 50 |
| 厚度/mm | 2.5 |
| 底面内半径/mm | 10 |
| 匝数 | 500 |

提离高度为 1mm，铝试件的相对磁导率为 1，电导率为 $37.74 \times 10^6 \mathrm{S/m}$，激励脉冲电压幅值为 10V，脉宽为 10ms，$\beta$ 为不同值时圆台状传感器差分检测信号如图 4-10 所示。

当倾斜角 $\beta$ 为 0 时，激励线圈为圆柱形线圈。对于圆柱形线圈，当激励信号稳定时，感应涡流消失，差分信号逐渐趋于零。

为提高传感器的缺陷检测能力，应减小被测试件属性信息对差分信号的影响，即减小无缺陷时被测试件差分检测信号的峰值。由图 4-10 可知，随着 $\beta$ 的增加，差分信号的峰值逐渐减小，且当趋于稳定时差分信号为负值。这是因为当 $\beta$ 增大时，顶部线圈半径增加，线圈中心位置的磁场会减弱，因而差分信号的峰值变小；

此外，当激励信号稳定时，感应涡流消失，由于圆台状线圈底部半径小于顶部，使得底部激励磁场的强度会大于顶部，因此线圈顶部与底部检测信号会存在一定的差值使差分信号为负值，且该差值与 $\beta$ 有关。由于脉冲涡流激励源为周期信号，当差分信号在稳定状态下不为零时，必然会使下一周期差分信号起始值也不为零，进而会影响信号的峰值特征，因此为提高传感器的缺陷检测能力应使该差值尽可能的小。

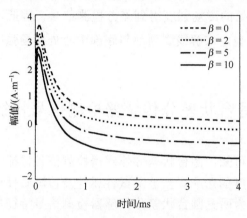

图 4-10　$\beta$ 不同时差分检测信号

为选取最佳的倾斜角 $\beta$，使线圈结构最优，定义调节因子为

$$M = \frac{f_0 - f_\beta}{|k|} \tag{4-72}$$

式中，$f_0$ 为倾斜角为 0 时差分检测信号峰值；$f_\beta$ 为倾斜角为 $\beta$（$\beta \neq 0$）时差分检测信号峰值；$k$ 为激励信号稳定时差分信号的值。由上述理论可知，为使传感器缺陷检测能力最强，应使 $f_0$ 与 $f_\beta$ 的差值尽可能的大而使 $|k|$ 尽可能的小，因此选用使调节因子 $M$ 取最大值时的倾斜角设计得到圆台状差分传感器。

## 4.6　圆台状差分传感器性能分析

为验证提出的圆台状脉冲涡流差分传感器的性能，针对铝试件，设计了提离高度为 1mm 的圆台状差分传感器，并对该传感器的性能进行了测试，为降低噪声干扰，所用信号均首先经过了降噪处理。脉冲涡流检测系统示意图如图 4-11 所示，其中铝试件的相对磁导率为 1，电导率为 $37.74 \times 10^6$ S/m，实验制作的圆台状激励线圈由线径为 0.5mm 的漆包铜线绕制而成，如图 4-12 所示，其参数如表 4-2 所示，检测单元为霍尔元件，激励信号为方波电压信号，其电压为 10V，频率为

50Hz，占空比为 0.5，检测时传感器提离高度为 1mm，最后采用存储示波器对检测信号进行采集。

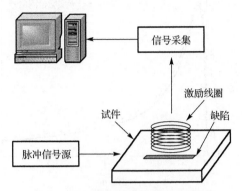

图 4-11　脉冲涡流检测系统示意图

图 4-12　圆台状激励线圈

表 4-2　圆台状激励线圈参数

| 尺寸参数 | 数值 |
| --- | --- |
| 高度/mm | 50 |
| 厚度/mm | 2.5 |
| 底面内半径/mm | 10 |
| 顶面内半径/mm | 13 |
| 匝数 | 500 |

理论计算曲线与实验测量曲线对比如图 4-13 所示。

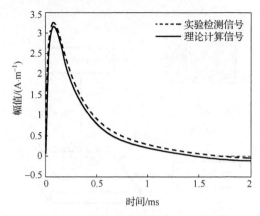

图 4-13　差分信号理论计算曲线与实验测量曲线

由图 4-13 可知，理论计算曲线与实验测量曲线基本吻合，然而由于实验所用传感器的制作工艺及所用霍尔元件体积等因素的影响，理论计算曲线与实验测量曲线还存在一定的偏差，但两曲线峰值偏差仅为理论计算曲线峰值的 1.43%，对实验检测结果影响很小，在实际检测时可将该偏差忽略。

为测试圆台状差分传感器的缺陷检测能力，分别采用传统圆柱形差分传感器和圆台状差分传感器对含有不同缺陷的铝试件进行了检测，被测试件长度为250mm，宽度为100mm，厚度为10mm，缺陷宽为 0.8mm，深度分别为 1～5mm，检测时传感器提离高度为 1mm。实验所用传统圆柱形差分传感器的激励线圈也由线径为 0.5mm 的漆包铜线绕制而成，如图 4-14 所示，其参数如表 4-3 所示。

图 4-14　传统圆柱形差分传感器激励线圈

表 4-3　圆柱形激励线圈参数

| 尺寸参数 | 数值 |
| --- | --- |
| 高度/ mm | 50 |
| 外半径/ mm | 12.5 |
| 内半径/ mm | 10 |
| 匝数 | 500 |

两传感器差分检测信号峰值随缺陷尺寸变化规律如图 4-15 所示。

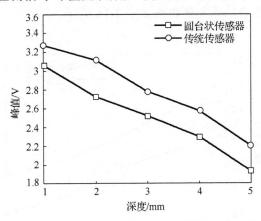

图 4-15　提离值为 1mm 时不同深度缺陷的输出峰值

由图 4-15 可知，随着缺陷深度的增加，两传感器差分检测信号峰值均不断减小，这是因为随着缺陷深度的增加，感应涡流的强度会不断减小，其对激励磁场的阻碍作用也会减弱，此时传感器底部检测信号上升速度会增加，而由于线圈顶部检测元件距离被测试件较远受涡流影响较小，检测信号上升速度变化相对较小，因此差分信号的峰值会随着缺陷深度的增加而减小。通过分析图 4-15 可知，两传感器差分检测信号峰值与缺陷深度基本成线性相关关系，与实际脉冲涡流检测时差分检测信号峰值随缺陷深度成线性变化的规律相吻合[6]。为比较两条曲线的线性特性，采用最小二乘法分别对两条曲线进行线性拟合得到理想直线，经计算圆台状探头与传统差分传感器检测信号峰值变化曲线与其拟合直线间对应点的均方根误差分别为 0.0381 和 0.0511，即圆台状差分传感器检测信号峰值随缺陷深度变化曲线的线性特性要优于传统差分传感器。

由于差分信号峰值特征能够反映被测缺陷的信息，因而当缺陷尺寸改变时信号的峰值必然会发生变化，且当缺陷尺寸变化量相同时，差分检测信号峰值相对变化较大的传感器对缺陷的检测能力较强。当缺陷深度由 1mm 变为 5mm 时，圆台状差分传感器和传统差分传感器检测信号峰值拟合直线对应点的相对变化量分别为 35.07%和 32.22%，由此表明，与传统圆柱形差分传感器相比，圆台状差分传感器的缺陷检测能力更强。

在采用脉冲涡流技术检测时，传感器的提离高度往往会因被测试件表面情况的变化而发生改变，提离的变化不可避免地会对检测信号特征造成一定的干扰[7]。圆台状差分传感器是针对固定提离高度而设计的，当提离值发生改变时，检测信号必然会受到影响。为研究圆台状差分传感器的抗提离干扰能力，在不同提离状态下采用该传感器和传统圆柱形差分传感器分别对被测试件进行了检测，两传感器检测信号峰值随缺陷尺寸变化曲线如图 4-16 所示。

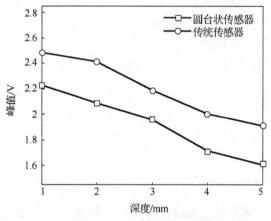

(a) 提离值为2mm时不同深度缺陷的输出峰值

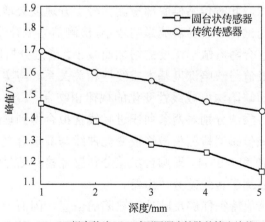

(b) 提离值为3mm时不同深度缺陷的输出峰值

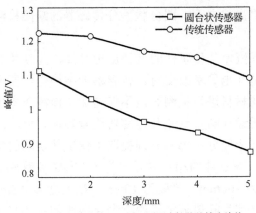

(c) 提离值为4mm时不同深度缺陷的输出峰值

图 4-16　提离值不同时不同深度缺陷的输出峰值

由图 4-16 可知，不同提离状态下，两传感器检测信号峰值与缺陷深度基本仍是线性相关关系。为比较两传感器在不同提离状态下检测信号峰值变化曲线的线性特性，分别计算了两曲线与其拟合直线间对应点的均方根误差，结果如表 4-4 所示。

表 4-4　不同提离状态下检测信号峰值与拟合值的均方根误差

| 提离值/mm | 均方根误差 | |
|---|---|---|
| | 圆台状差分传感器 | 传统圆柱形差分传感器 |
| 2 | 0.0249 | 0.0357 |
| 3 | 0.0130 | 0.0151 |
| 4 | 0.0117 | 0.0123 |

由表 4-4 可知，在不同提离状态下，圆台状差分传感器检测信号峰值随缺陷深度变化曲线的线性特性优于传统圆柱形差分传感器，由此可知圆台状差分传感器具有较强的抗提离干扰能力。此外，当缺陷深度由 1mm 变为 5mm 时，不同提离状态下两传感器检测信号峰值拟合直线对应点的相对变化量如表 4-5 所示。

表 4-5　不同提离状态下差分检测信号峰值相对变化量

| 提离值/mm | 检测信号峰值相对变化量/% | |
|---|---|---|
| | 圆台状差分传感器 | 传统圆柱形差分传感器 |
| 2 | 28.77 | 24.70 |
| 3 | 21.15 | 15.98 |
| 4 | 20.05 | 10.57 |

由表 4-5 可知，当提离值相同时，圆台状差分传感器检测信号峰值相对变化

量较大，即在不同提离状态下，圆台状差分传感器的缺陷检测能力仍高于传统圆柱形差分传感器。

　　由圆台状脉冲涡流差分传感器的设计原理可知，为使传感器的缺陷检测性能达到最优，当被测试件电导率改变时，传感器的结构也需要调整，这在实际采用脉冲涡流技术对不同材料进行检测时，不仅增加了检测成本也严重降低了检测效率，因而，为检验所设计圆台状差分传感器检测其他材料缺陷的能力，采用圆台状传感器和传统圆柱形差分传感器分别提取了铜试件缺陷的差分检测信号，检测中提离高度为 1mm，铜试件的相对磁导率为 1，电导率为 $60.09 \times 10^6 \mathrm{S/m}$，试件长度为 250mm，宽度为 100mm，厚度为 10mm，缺陷宽为 0.8mm，深度分别为 1～5mm。两传感器检测信号峰值随缺陷深度变化曲线如图 4-17 所示。

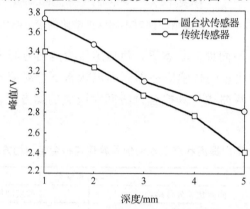

图 4-17　不同深度缺陷的输出峰值

　　从图 4-17 可以看出，随着缺陷深度的增加，两传感器差分检测信号的峰值均不断减小，且差分检测信号峰值与缺陷深度均基本成线性相关关系。为比较两曲线的线性特性，对两条曲线进行线性拟合，而后经计算可得圆台状差分传感器与传统圆柱形差分传感器检测信号峰值变化曲线与其拟合直线间对应点的均方根误差分别为 0.0510 和 0.0630，由此可知，圆台状差分传感器检测信号峰值随缺陷深度变化曲线的线性特性较好。当缺陷深度由 1mm 变为 5mm 时，圆台状差分传感器和传统圆柱形差分传感器检测信号峰值拟合直线对应点的相对变化量分别为 28.59% 和 25.21%，由此表明，在对铜试件进行检测时，圆台状差分传感器的缺陷检测能力仍强于传统圆柱形差分传感器。这是因为在采用圆台状差分传感器对铜试件进行检测时，该传感器仍可在一定程度上减弱被测试件属性的影响，因而与传统圆柱形差分传感器相比，其缺陷检测能力更强。由此可知，所设计的圆台状脉冲涡流差分传感器在工程应用中可用于检测多种导体材料，且具有较强的缺陷检测能力。

　　此外，为验证所建立圆台状差分传感器检测导体厚度磁场解析模型的正确性，实验采用圆台状差分传感器对不同厚度的铝试件进行了检测，试件厚度分别为6～12mm，检测提离值为 1mm，当被测试件厚度不同时，理论计算信号与实验检测信号峰值对比如图 4-18 所示。

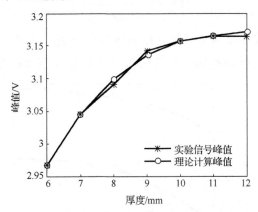

图 4-18　理论计算信号与实验检测信号峰值

　　由图 4-18 可知，理论计算信号峰值曲线与实验检测信号峰值曲线基本吻合，由此验证了所建解析模型的正确性。随着导体厚度的增加，差分检测信号的峰值逐渐增大，这是因为随着导体厚度的增加，导体内总感应涡流的强度会逐渐增强，由于感应涡流磁场对激励磁场起阻碍作用，因而此时线圈底部叠加磁场的强度会降低，而线圈顶部受感应磁场影响较小，叠加磁场的强度变化也较小，因此，差分检测信号的峰值会逐渐增大；此外，随着导体厚度的增加，差分信号峰值增大的幅度逐渐减小，这是由于受趋肤效应的影响，被测导体内随着深度的增加，感应涡流的密度迅速减小，因此，当导体厚度增加时，其内部较深处涡流密度增加的速度逐渐较小，使得导体内总的感应涡流密度增大的速度降低，因而检测信号峰值增大的幅度也会逐渐降低。

　　在脉冲涡流检测中，感应涡流磁场不仅包含了被测导体的厚度信息，同时也包含了导体磁导率、电导率等属性信息，而圆台状差分传感器在减弱被测试件磁导率、电导率等属性信息对差分信号影响的同时，也减少了检测信号中被测试件的厚度信息。因此，为检验圆台状差分传感器检测金属导体厚度的能力，实验还计算了传统圆柱状差分传感器的检测信号，不同差分传感器检测信号峰值如图 4-19 所示。

　　由图 4-19 可知，两差分传感器检测信号峰值曲线随导体厚度变化的规律基本一致，然而，当被测导体厚度相同时，圆台状差分传感器检测信号的峰值明显较小。这是因为与传统差分传感器相比，圆台状差分传感器激励线圈顶部半径较大，使得顶部中心处磁场较小，而两传感器底部磁场相差不大，因而圆台状差分传感器检测信号峰值较小。为比较两传感器检测导体厚度的能力，分别计算导体厚度变化时两传感器检测信号峰值的相对变化量 $F$，$F$ 的表达式为

$$F(x) = \frac{f(x + \Delta x) - f(x)}{f(x)} \tag{4-73}$$

式中，$f(x)$ 表示导体厚度为 $x$ 时差分检测信号的峰值，计算中 $\Delta x = 1\,\text{mm}$。对于不同厚度的导体，两传感器检测信号峰值相对变化量如表 4-6 所示。

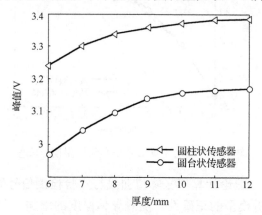

图 4-19　不同传感器差分检测信号峰值

表 4-6　不同传感器检测信号峰值相对变化量

| 线圈形状 | 相对变化量/% | | | | | |
|---|---|---|---|---|---|---|
| | $F(6)$ | $F(7)$ | $F(8)$ | $F(9)$ | $F(10)$ | $F(11)$ |
| 圆台 | 2.5515 | 1.8340 | 1.2297 | 0.7046 | 0.2596 | 0.1579 |
| 圆柱 | 1.9406 | 1.1002 | 0.5586 | 0.4125 | 0.2432 | 0.1154 |

由表 4-6 可知，当导体厚度的变化量相同时，圆台状差分传感器检测信号峰值的相对变化量较大，即圆台状差分传感器对导体厚度变化的反应较灵敏。这是因为圆台状差分传感器是通过改变激励磁场等效地改变涡流磁场来减弱导体属性信息对差分信号影响的，而在实际检测中，当被测导体厚度变化量相同时，两传感器作用下感应涡流的变化量相差不大，因而两差分检测信号峰值的变化量也基本相同，由于圆台状差分传感器检测信号峰值较小，因此其检测信号峰值的相对变化量较大。由此表明，圆台状差分传感器通过调节激励磁场的强度，主要减弱了被测试件磁导率、电导率等属性信息对检测信号的影响，仍具有较强的导体厚度检测能力。

# 4.7　本章小结

本章首先介绍了涡流效应及电磁场基本理论，随后阐述了脉冲涡流检测的基本原理，通过介绍趋肤效应阐明了脉冲涡流检测技术相比于传统涡流检测技术的优势，分析了传统圆柱形差分传感器检测信号的特征，并在此基础上探讨了脉冲涡流差分传感器的设计思路，设计了一种圆台状结构的差分传感器；其次根据电磁波反射与透射理论建立了圆台状差分传感器的磁场解析模型，计算求解了该传感器的差分检测信号，而后通过分析圆台状差分传感器检测信号特征受传感器参数的影响规律确定了传感器的最优结构；最后研究了圆台状差分传感器抗提离干扰能力，并通过实验验证了该传感器的缺陷检测能力。通过理论分析和实验研究，可以得到以下结论。

（1）在采用脉冲涡流差分传感器检测缺陷时，磁敏元件检测的是激励磁场和感应涡流磁场的叠加磁场，涡流磁场不仅会包含缺陷信息，也会包含被测试件的属性信息，为使检测信号中包含缺陷信息的同时尽可能减少其他信息的影响，可通过改变激励磁场等效地改变涡流磁场来调节叠加磁场的强度，以减弱被测试件属性信息对差分信号的影响，提高传感器的缺陷检测能力。

（2）在不同提离状态下，圆台状差分传感器的缺陷检测能力均高于传统圆柱形差分传感器，即圆台状差分传感器具有较强的抗提离干扰能力。

（3）所设计的圆台状脉冲涡流差分传感器在工程应用中可用于检测多种导体材料，且与传统圆柱形差分传感器相比仍具有较强的缺陷检测能力。

圆台状差分传感器采用了圆台状激励线圈，可通过改变线圈顶部与底部激励磁场的大小调节差分检测信号的特征，以降低被测试件对差分信号的影响，因而其具有较强的缺陷检测能力。然而在实际脉冲涡流检测中，由于环境磁场等因素的干扰，检测信号中不可避免地会存在一定的噪声；同时应该注意到，当检测条件如被测试件电导率、提离等因素改变时，检测信号的特征也会发生变化，因此，如何降低噪声干扰、分析脉冲涡流检测的影响因素将是后续需要研究的重要问题。

## 参 考 文 献

[1]　Le M, Lee J, Jun J, et al. Hall sensor array based validation of estimation of crack size in metals using magnetic dipole models[J]. NDT&E International, 2013, 53(1):18-25.

[2]　Angani C S, Park D G, Kim G D, et al. Differential pulsed eddy current sensor for the

detection of wall thinning in an insulated stainless steel pipe[J]. Journal of Applied Physics, 2010, 107:721-723.

[3]　范孟豹, 黄平捷, 叶波, 等. 基于反射与折射理论的电涡流检测探头阻抗解析模型[J]. 物理学报, 2009, 58(9):5950-5954.

[4]　Fan M B, Huang P J, Ye B, et al. Analytical modeling for transient probe response in pulsed eddy current testing[J]. NDT&E International, 2009, 42(5):376-383.

[5]　聂在平, 柳清伙. 非均匀介质中的场与波[M]. 北京: 电子工业出版社, 1992.

[6]　Yu Y T, Jia G. Investigation of signal features of pulsed eddy current testing technique by experiments[J]. Insight, 2013, 55(9):487-491.

[7]　赵凌, 黄平捷, 刘宝玲, 等. 多层导电结构内部状态脉冲涡流检测分析方法[J]. 浙江大学学报, 2016, 50(4):603-608.

# 第 5 章　脉冲涡流检测信号的预处理

## 5.1　概　　述

在脉冲涡流检测中，由于受检测环境、被测试件表面光洁度以及系统噪声等因素的影响，检测信号中往往附带有大量的噪声，脉冲涡流差分信号是通过将原始检测信号做差分处理得到的，因而若不对原始检测信号进行降噪，差分信号的特征必将会受到极大的影响，进而会直接影响检测结果的正确性及缺陷轮廓重构的精度[1]。因此，为得到能准确反映缺陷参数的脉冲涡流差分信号，必须首先对脉冲涡流原始检测信号进行预处理，以提高检测信号的信噪比。

目前，常用的脉冲涡流检测信号预处理方法主要有小波分解、中值滤波等。小波分解是一种时频分析方法，利用小波分解可获得检测信号在不同频带上的频域分量，而后采用阈值函数进行处理即可剔除噪声成分，得到有用信息，最后通过重构即可得到降噪后的有用信号，该方法已在脉冲涡流检测信号预处理领域得到了一定的应用[2]。然而，在采用小波分解方法进行降噪时，降噪效果会受阈值函数的影响，因而为提高降噪性能，在进行降噪时还需对阈值函数展开研究和讨论；黄琛等在双对数域采用中值滤波方法对脉冲涡流信号进行了降噪，取得了较好的降噪效果，但该方法是针对铁磁性材料检测信号进行降噪的，且当原始检测信号的信噪比较低时，该方法的降噪效果会受到一定的影响[3]。

奇异值分解降噪方法作为一种非线性滤波法可有效降低信号中的噪声，近年来，该方法已在信号降噪领域得到了广泛应用[4]。鉴于此，本章介绍基于奇异值分解方法的脉冲涡流检测信号降噪，首先将负熵作为降噪效果的评估参数确定降噪过程中所构造矩阵的最优维数及降噪阈值，而后采用 Savitzky-Golay 滤波器对奇异值进行平滑处理，进一步提高降噪性能。

## 5.2　奇异值分解降噪原理

对于任意 $m \times n$ 维的实数矩阵 $A$，则存在一个 $m \times m$ 维的正交矩阵 $U$ 和一个 $n \times n$ 维的正交矩阵 $V$，使得

$$A = U\Sigma V^{\mathrm{T}} \tag{5-1}$$

式中，$\Sigma$ 为 $m \times n$ 维的对角矩阵，且 $\Sigma$ 可表示为

$$\Sigma = \begin{bmatrix} \Lambda & 0 \\ 0 & 0 \end{bmatrix} \tag{5-2}$$

式中，$\Lambda = \mathrm{diag}(\sigma_1, \sigma_2, \cdots, \sigma_r)$，$\sigma_1 \geqslant \sigma_2 \geqslant \cdots \geqslant \sigma_r > 0$；称式 (5-1) 为矩阵 $A$ 的奇异值分解；$U$ 和 $V$ 分别称为矩阵 $A$ 的左奇异向量矩阵和右奇异向量矩阵；$\Sigma$ 为奇异值矩阵；$\delta_i$ 为矩阵 $A$ 的奇异值。若 $U$ 和 $V$ 分别表示为

$$U = (u_1, u_2, \cdots, u_m) \tag{5-3}$$

$$V = (v_1, v_2, \cdots, v_n) \tag{5-4}$$

则此时矩阵 $A$ 的奇异值分解可表示为

$$A = \sum_{i=1}^{r} \delta_i u_i v_i^{\mathrm{T}} \tag{5-5}$$

式中，$u_i$ 和 $v_i$ 分别称为矩阵 $A$ 的左奇异向量和右奇异向量，第 $i$ 个奇异值对应的左右奇异向量的内积 $u_i v_i^{\mathrm{T}}$ 称为基底，由式 (5-5) 可知，矩阵 $A$ 可表示为 $r$ 个基底的线性加权和。

对于 $m \times n$ 维矩阵 $A - B$，其 Frobenius 范数定义为

$$\|A - B\|_F = \left[ \sum_{i=1}^{m} \sum_{j=1}^{n} |a_{ij} - b_{ij}|^2 \right]^{1/2} \tag{5-6}$$

在 Frobenius 范数意义下，能最佳逼近 $m \times n$ 维矩阵 $A$ 且秩 $k \leqslant \mathrm{rank}(A)$ 的唯一的 $m \times n$ 维矩阵可由下式得到：

$$A^k = U\Sigma_k V^{\mathrm{T}} \tag{5-7}$$

式中，$U$ 和 $V$ 如式 (5-1) 所示，$\Sigma_k$ 为将 $\Sigma$ 内前 $k$ 个奇异值以外的所有其他奇异值都置零后得到的对角矩阵。

则两矩阵的逼近程度可用下式进行衡量：

$$\|A - A^k\|_F = \left[ \sum_{i=k+1}^{r} \delta_i^2 \right]^{1/2}, \quad 0 \leqslant k \leqslant r \tag{5-8}$$

由式 (5-8) 可知，两矩阵的逼近程度取决于 $r - k$ 个最小奇异值的平方和。当 $k = 0$ 时，可得

$$\|A\|_F = \left[ \sum_{i=1}^{r} \delta_i^2 \right]^{1/2} \tag{5-9}$$

由此可知矩阵的奇异值能够反映其相关的特性信息。因而，在奇异值分解时，矩阵 $A$ 的估计值可根据其有效奇异值个数 $k$ 来得到，从而减少矩阵中的冗余信息，实现对原始矩阵的降噪。

设一个含噪信号 $y(n)$ 为

$$y(n) = x(n) + h(n) \tag{5-10}$$

式中，$y(n)$ 为含噪信号；$x(n)$ 和 $h(n)$ 分别为不受干扰的有用信号和噪声，$n = 1, 2, 3, \cdots, N$。

在采用奇异值分解方法降噪时，需要将一维检测信号构造成一个空间矩阵，而由一维检测信号可以构造成多种矩阵，如 Toeplitz 矩阵、Hankel 矩阵等，当采用其中的 Hankel 矩阵时，奇异值分解方法具有较好的降噪效果，因此通常将一维信号构造成 Hankel 矩阵[5]。

在信号处理中，对于包含 $N$ 个采样点的一维含噪信号 $y(n)$，当将其构造为 $l \times k$ 维 Hankel 矩阵 $A_y$ 的具体步骤如下。

(1) 从原始数据中提取子序列 $[y(1), y(2), \cdots, y(k)]$ 作为所要构造矩阵的第一行的行向量；

(2) 向右移动一个数据点，提取子序列 $[y(2), y(3), \cdots, y(k+1)]$ 作为所要构造矩阵的第二行的行向量；

(3) 按照此方法依次向右移动，最终得到最后一行的行向量 $[y(l), y(l+1), \cdots, y(N)]$；

(4) 由所提取的行向量构造如下 Hankel 矩阵 $A_y$：

$$A_y = \begin{bmatrix} y(1) & y(2) & \cdots & y(k) \\ y(2) & y(3) & \cdots & y(k+1) \\ \vdots & \vdots & & \vdots \\ y(l) & y(l+1) & \cdots & y(N) \end{bmatrix} \tag{5-11}$$

式中，$1 < k < N$，$A_y \in \mathbb{R}^{l \times k}$，$l + k = N + 1$。

Hankel 矩阵 $A_y$ 表征了原信号的演化规律，可表示为信号矩阵和噪声矩阵之和，即

$$A_y = A_x + A_h \tag{5-12}$$

式中，$A_x$ 为由有用信号构造的矩阵；$A_h$ 为由噪声构造的矩阵。

根据奇异值分解理论，矩阵 $A_y$ 的奇异值分解可表示为

$$A_y = U\Sigma V^{\mathrm{T}} = (U_x \quad U_h) \begin{bmatrix} \Sigma_x & 0 \\ 0 & \Sigma_h \end{bmatrix} \begin{pmatrix} V_x^{\mathrm{T}} \\ V_h^{\mathrm{T}} \end{pmatrix} \tag{5-13}$$

即

$$A_y = U_x \Sigma_x V_x^{\mathrm{T}} + U_h \Sigma_h V_h^{\mathrm{T}} \tag{5-14}$$

此时，可将 $\Sigma_x$ 和 $\Sigma_h$ 分别认为是由信号和噪声得到的奇异值矩阵，进而 $A_x$ 和 $A_h$ 可分别表示为

$$A_x = U_x \Sigma_x V_x^{\mathrm{T}} \tag{5-15}$$

$$A_h = U_h \Sigma_h V_h^{\mathrm{T}} \tag{5-16}$$

采用奇异值分解方法对信号降噪时，一般认为较大的奇异值反映了有用信号的特征，而较小的奇异值则主要反映了噪声的特征，因而可将 $\Sigma_x$ 和 $\Sigma_h$ 看做由信号和噪声分别产生的奇异值对角矩阵，即奇异值分解能够将原始含噪信号构造的矩阵分解为信号子空间和噪声子空间。

由式(5-13)可知，原始含噪信号的奇异值可被一个阈值分为两部分，可将大于该阈值的奇异值认为是由信号产生的而小于该阈值的奇异值是由噪声产生的[6]。在降噪过程中，通常将奇异值曲线中的最大突变点作为阈值，将小于该阈值的奇异值置零，而后利用奇异值分解的逆过程即可得到原始矩阵 $A_y$ 的最佳逼近矩阵 $\overline{A_y}$。相比于矩阵 $A_y$，矩阵 $\overline{A_y}$ 中的噪声成分已被大大压缩。最后将 $\overline{A_y}$ 中对应的元素相加并求平均，就可以得到降噪后的信号。

## 5.3　基于奇异值分解的最优降噪方法

将一维检测信号构造成 Hankel 矩阵进行降噪时，降噪效果会受 Hankel 矩阵维数的影响，即由含噪信号构造的 Hankel 矩阵维数不同时，奇异值分解方法降噪的结果也会存在一定的差异。目前，在降噪过程中所构造 Hankel 矩阵的行数通常为信号长度的一半[7]，然而，这种确定 Hankel 矩阵维数的方法缺乏针对性，并不一定适用于脉冲涡流检测信号的降噪，因而，在采用奇异值分解方法降噪时，需要寻求一种可行的方法准确确定所构造 Hankel 矩阵的最优维数，提高脉冲涡流检测信号的降噪效果。此外，在降噪过程中，通常将奇异值曲线中最大突变点作为阈值，存在易受奇异值曲线中其他突变点影响的问题，因而这就需要准确确定降噪阈值进一步提高脉冲涡流检测信号的降噪效果。负熵作为非高斯性的一个度量指标，能够反映信号的动态信息特征[8]。在含噪信号中有用信号与噪声的非高斯性必然存在较大的差别，因而，在采用奇异值分解方法对脉冲涡流信号进行降噪时，为使降噪效果达到最优，将负熵作为降噪效果的评估参数以确定 Hankel 矩阵的最优维数及最优的奇异值阈值。

## 5.3.1　负熵的定义

熵可用来描述随机变量的不确定性，是信息论中的一个重要概念，对于一个离散随机变量 $X = [x_1, x_2, \cdots, x_n]$，其各元素出现的概率 $P\{X = x_i\} = p_i$，其中 $i = 1, 2, \cdots, n$，则该向量的熵 $H$ 定义为[9]

$$H = -\sum_{i=1}^{n} p_i \log(p_i) \tag{5-17}$$

在上式对数中，其底可以是不同值，当底取不同值时得到的熵的单位也不同。当底为 2 时，熵的单位为比特(bit)；当底为自然对数时，熵的单位为奈特(nat)。

当变量为连续的情况时，设随机变量的概率密度函数为 $p(x)$，则连续变量的熵 $H$ 定义为

$$H = -\int p(x) \log p(x) \mathrm{d}x \tag{5-18}$$

通常将连续随机变量的熵称为微熵。为了更合理地度量随机变量的非高斯性，对于任一随机变量 $x$，定义其负熵 $J$ 为

$$J(x) = H(x_g) - H(x) \tag{5-19}$$

式中，$x_g$ 是与 $x$ 具有相同协方差矩阵的高斯随机变量。由于在所有具有相同协方差矩阵的随机变量中，服从高斯分布的随机变量的熵最大，因而由式(5-19)可知负熵总是非负的，且负熵随着随机变量非高斯性的增强而增大，当且仅当随机变量服从高斯分布时负熵值为零。

从统计学角度来说，在一定条件下负熵是随机变量非高斯性的最优评估方法，非常适合作为评估随机变量非高斯性的标准。然而，由负熵的定义可知，在对负熵计算时需要估算随机变量的概率分布，这就需要较多的原始数据，使得负熵的计算非常困难，因此，在实际应用中通常采用以下非多项式函数加权求和近似求取负熵[8]：

$$J(x) \approx k_1 \{E[F_1(x)]\}^2 + k_2 \{E[F_2(x)] - E[F_2(\mu)]\}^2 \tag{5-20}$$

式中，$k_1$、$k_2$ 为正常数；$x$ 为标准化后的随机变量；$\mu$ 为标准化的高斯变量；$F_1$ 为度量随机变量反对称性的奇函数，$F_2$ 为度量随机变量在原点处双模态相对峰值大小的偶函数。非多项式函数 $F_1$、$F_2$ 一般取如下表达式：

$$\begin{cases} F_1(x) = \dfrac{1}{a} \lg \cosh(ax) \\ F_2(x) = -\mathrm{e}^{-x^2/2} \end{cases} \tag{5-21}$$

式中，$1 \leqslant a \leqslant 2$，通常取 $a = 1$。

## 5.3.2　Hankel 矩阵最优维数选择

由负熵的定义可知，负熵可作为评估随机变量非高斯性的标准，在脉冲涡流检测信号中，噪声与有用信号的非高斯性必然存在一定的差别。在实际检测中，脉冲涡流检测信号中的噪声主要为高斯噪声[10]，因而为检验采用负熵评估脉冲涡流检测信号含噪程度的可行性，通过在原始信号中加入不同程度的高斯噪声分析脉冲涡流信号负熵与信噪比的关系。

某原始脉冲涡流信号及其含噪信号如图 5-1 所示。

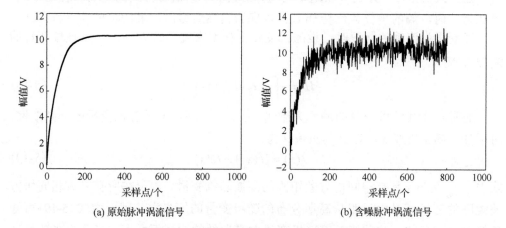

(a) 原始脉冲涡流信号　　　　　　　　　(b) 含噪脉冲涡流信号

图 5-1　原始脉冲涡流信号及其含噪信号

在原始脉冲涡流信号中加入不同程度的高斯噪声，而后计算不同信噪比情况下信号的负熵，当脉冲涡流信号信噪比不同时，其负熵值如图 5-2 所示。

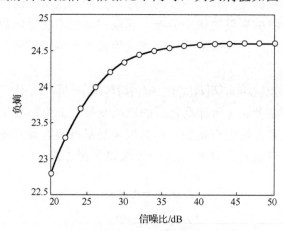

图 5-2　信噪比不同时信号的负熵值

　　由图 5-2 可知，随着信噪比的增加，脉冲涡流信号的负熵逐渐增大，且增大的速度逐渐降低，即脉冲涡流信号的负熵与信噪比成非线性正比关系。由此可知，负熵能够反映脉冲涡流信号的含噪情况，可将负熵作为标准评估脉冲涡流检测信号被噪声污染的程度。

　　当采用奇异值分解方法对脉冲涡流检测信号降噪时，降噪效果会受 Hankel 矩阵维数的影响，当构造的 Hankel 矩阵维数为最优时，降噪效果也会达到最好。为确定 Hankel 矩阵的最优维数，在原始脉冲涡流信号中加入不同程度的噪声，并将含噪信号构造成不同维数的 Hankel 矩阵，而后根据奇异值分解降噪原理分别对其进行降噪，当 Hankel 矩阵维数不同时降噪后信号的信噪比与负熵如图 5-3 所示，其中 $SNR_b$ 表示降噪前信号的信噪比。计算中被分析信号包含 800 个采样点，由于 Hankel 矩阵与其转置矩阵的奇异值相等，因而此处所构造的 Hankel 矩阵的最大行数为 400。

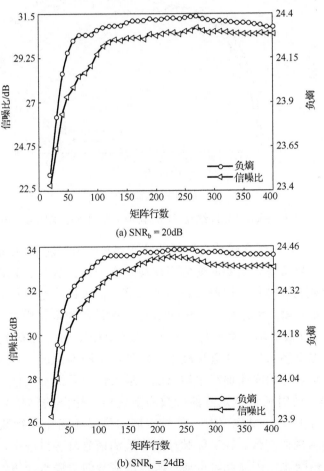

(a) $SNR_b = 20dB$

(b) $SNR_b = 24dB$

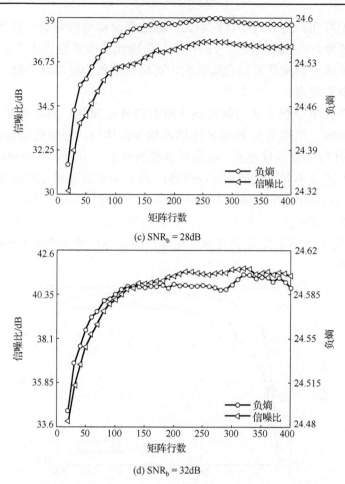

(c) SNR$_b$ = 28dB

(d) SNR$_b$ = 32dB

图 5-3　Hankel 矩阵维数不同时降噪后信号的信噪比与负熵

　　由图 5-3 可知，对于含噪情况不同的脉冲涡流信号，随着 Hankel 矩阵行数的增加，降噪后信号负熵与信噪的变化规律均基本一致。从图 5-3（a）可知看出，当 Hankel 矩阵行数为 270 时，降噪后信号的负熵与信噪比均达到最大，降噪效果达到了最优，由此可知，此时所构造 Hankel 矩阵的维数为最优维数；当矩阵行数小于 270 时，随着行数的增加负熵与信噪比均逐渐增大，而当矩阵行数大于 270 时，随着行数的增加负熵与信噪比逐渐减小。此外，由图 5-3（b）、（c）、（d）分别可以看出，在信号负熵与信噪比曲线中均出现了最大值，且两最大值对应同一矩阵行数，由此可知，此时所构造矩阵的行数为最优值，矩阵的维数为最优维数，而当矩阵行数大于（小于）最优值时，信号负熵与信噪比随矩阵行数变化的规律与图 5-3（a）中所示规律一致。在实际脉冲涡流检测信号降噪过程中，并不能直接求得检测信号的信噪比，因而此时可通过求检测信号的负熵来评估信号受噪声污染的程度,并可将负熵作为降噪效果的评估参数确定降噪过程中所构造 Hankel 矩阵的最优维数。

### 5.3.3　阈值的选择

由奇异值分解降噪原理可知,原始含噪信号的奇异值可被一个阈值分为两部分,通过将小于该阈值的奇异值置零,而后利用奇异值分解的逆过程即可得到降噪后的信号。由于奇异值能够反映信号的特征成分,因而有用信号和噪声所产生的奇异值会存在一定的区别,通常将奇异值曲线中的最大突变点作为阈值,对信号进行降噪。然而,有时在奇异值曲线中会存在多个突变点,在采用该方法选择阈值时还存在易受奇异值曲线中其他突变点影响的问题。如图 5-4 所示为由某含噪信号得到的奇异值曲线。

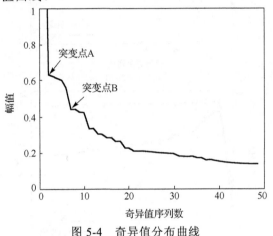

图 5-4　奇异值分布曲线

由图 5-4 可以看出,在奇异值曲线中多处发生了突变,其中 A 点与 B 点处突变情况最为明显,且该两点处的突变程度也较为相似,当对该信号进行降噪时,对最大突变点的判断还只能依靠经验,容易出现误判。由于负熵能够反映脉冲涡流检测信号的含噪情况,鉴于此,在对脉冲涡流检测信号进行降噪时,为得到最佳降噪阈值,将负熵作为评估参数对不同阈值的降噪结果进行分析。当脉冲涡流检测信号构造的 Hankel 矩阵维数为最优时,将不同奇异值作为阈值对信号进行降噪,不同含噪信号降噪后信号的信噪比与负熵如图 5-5 所示,其中 $SNR_b$ 表示降噪前信号的信噪比。

从图 5-5 可以看出,对于各含噪信号,当将第三个奇异值作为阈值时降噪后信号的负熵与信噪比均达到最大,表明此时降噪效果最好。由此可知,前三个奇异值主要是由脉冲涡流信号产生的,而剩余其他奇异值主要是由噪声产生的,因而将第三个奇异值作为阈值可有效降低噪声的影响。此外,通过对比各图可以发现，各信号负熵与信噪比两者的分布规律基本一致，从而进一步验证了两者的正比关系。在实际脉冲涡流检测信号降噪过程中，并不能直接求得信号的信噪比，因此可通过求降噪后信号的负熵，并将使负熵取最大值时对应的奇异值作为阈值对信号进行降噪。在降噪过程中，由于能定量的计算信号的负熵，因而采用负熵选择阈值的方法能够克服传统方法依靠经验的不足。

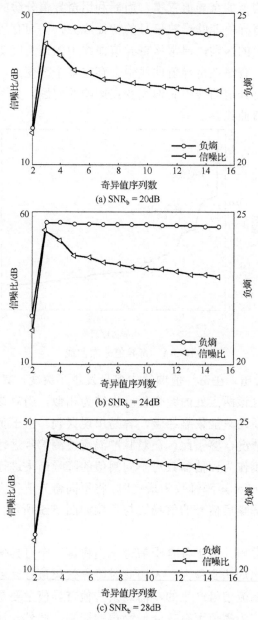

(a) $SNR_b = 20dB$

(b) $SNR_b = 24dB$

(c) $SNR_b = 28dB$

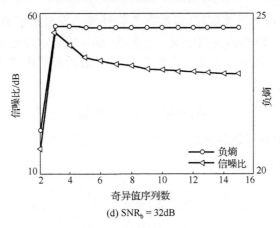

(d) $SNR_b = 32dB$

图 5-5　阈值不同时降噪后信号的信噪比与负熵

# 5.4　基于 Savitzky-Golay 滤波器的奇异值平滑处理

在采用奇异值分解方法降噪时，通常认为较大的奇异值反映了有用信号的特征，而较小的奇异值则反映了噪声的特征，即奇异值分解可将原始含噪信号构造的矩阵分解为信号子空间和噪声子空间。然而，实际采用奇异值方法对信号分解时，噪声信息会分布在所有的奇异值中，因而信号子空间中仍会包含一定的噪声信息[6]。基于最小二乘拟合理论的 Savitzky-Golay 滤波器能够有效降低突变点的影响，对数据起到平滑滤波的作用[11]，鉴于此，为进一步抑制噪声干扰，在前述奇异值分解降噪方法基础上采用 Savitzky-Golay 滤波器对奇异值进行平滑滤波处理。

## 5.4.1　Savitzky-Golay 滤波器基本理论

Savitzky-Golay 滤波器是由 Savitzky 和 Golay 于 1964 年提出的，该滤波器通过移动窗口利用最小二乘拟合原理可直接对时间域数据进行平滑滤波处理，不仅具有计算简单、快速、可操作性强等优点，而且在滤波过程中能保留原始数据的极小值、极大值和宽度等数据分布特征，因而其已被广泛应用于数据的平滑滤波。该滤波器的基本思路如下：假设某数据窗口含 $2m+1$ 个点，即数据窗口宽度为 $2m+1$，此时可利用 $p$ 次多项式对数据中各点进行多项式拟合，多项式各项系数可通过最小二乘原理求得，而后可用拟合处理后的结果取代原始数据窗口中该点的值，即拟合值为该数据窗口中经滤波处理后的结果；每进行一次拟合处理后将该窗口向前移动一个点直至所有数据的终点，最终可实现所有数据的平滑滤波。

对一组数据进行平滑处理时,以数据中的任意一点为例来说明 Savitzky-Golay 滤波器的工作原理。取原始数据中某一点附近 $2m+1$ 个点(取该点前 $m$ 个点和该点后 $m$ 个点)并以该点为中心构造一个窗口数组,而后对窗内的点进行 $p$ 次多项式拟合,设拟合多项式为

$$X_j = c_0 + c_1 j + \cdots + c_p j^p \tag{5-22}$$

式中, $X_j$ 为第 $j$ 个点的拟合数值, $-m \leqslant j \leqslant m$ 。则采用式(5-22)对 $2m+1$ 个点进行拟合后的累计误差可表示为

$$S = \sum_{j=-m}^{m} (X_j - x_j)^2 \tag{5-23}$$

式中, $x_j$ 为原始数据。

为使累计误差 $S$ 取最小值,对式(5-23)中各项系数求偏导并使其值为零,从而可得

$$\begin{cases} \dfrac{\partial S}{\partial c_0} = 2 \sum_{j=-m}^{m} (c_0 + c_1 j + c_2 j^2 + \cdots + c_p j^p - y_j) = 0 \\[2mm] \dfrac{\partial S}{\partial c_1} = 2 \sum_{j=-m}^{m} j(c_0 + c_1 j + c_2 j^2 + \cdots + c_p j^p - y_j) = 0 \\[2mm] \dfrac{\partial S}{\partial c_2} = 2 \sum_{j=-m}^{m} j^2(c_0 + c_1 j + c_2 j^2 + \cdots + c_p j^p - y_j) = 0 \\[2mm] \quad\vdots \\[2mm] \dfrac{\partial S}{\partial c_p} = 2 \sum_{j=-m}^{m} j^p(c_0 + c_1 j + c_2 j^2 + \cdots + c_p j^p - y_j) = 0 \end{cases} \tag{5-24}$$

上面方程组可简化为

$$\begin{cases} \sum_{j=-m}^{m} (c_0 + c_1 j + c_2 j^2 + \cdots + c_p j^p - y_j) = 0 \\[2mm] \sum_{j=-m}^{m} j(c_0 + c_1 j + c_2 j^2 + \cdots + c_p j^p - y_j) = 0 \\[2mm] \sum_{j=-m}^{m} j^2(c_0 + c_1 j + c_2 j^2 + \cdots + c_p j^p - y_j) = 0 \\[2mm] \quad\vdots \\[2mm] \sum_{j=-m}^{m} j^p(c_0 + c_1 j + c_2 j^2 + \cdots + c_p j^p - y_j) = 0 \end{cases} \tag{5-25}$$

提取各项系数可得

$$
\begin{cases}
c_0 \sum_{j=-m}^{m} 1 + c_1 \sum_{j=-m}^{m} j + c_2 \sum_{j=-m}^{m} j^2 + \cdots + c_p \sum_{j=-m}^{m} j^p = \sum_{j=-m}^{m} y_j \\[2mm]
c_0 \sum_{j=-m}^{m} j + c_1 \sum_{j=-m}^{m} j^2 + c_2 \sum_{j=-m}^{m} j^3 + \cdots + c_p \sum_{j=-m}^{m} j^{p+1} = \sum_{j=-m}^{m} j y_j \\[2mm]
c_0 \sum_{j=-m}^{m} j^2 + c_1 \sum_{j=-m}^{m} j^3 + c_2 \sum_{j=-m}^{m} j^4 + \cdots + c_p \sum_{j=-m}^{m} j^{p+2} = \sum_{j=-m}^{m} j^2 y_j \\[2mm]
\quad\vdots \\[2mm]
c_0 \sum_{j=-m}^{m} j^p + c_1 \sum_{j=-m}^{m} j^{p+1} + c_2 \sum_{j=-m}^{m} j^{p+2} + \cdots + c_p \sum_{j=-m}^{m} j^{p+p} = \sum_{j=-m}^{m} j^p y_j
\end{cases}
\tag{5-26}
$$

经求解上式即可得拟合多项式的各项系数。随后，Madden 在 Savitzky 与 Golay 提出的相关理论基础上对上式中各项系数进行了修正，并给出了该多项式系数更为简便的计算公式。

当拟合多项式中各项系数确定后，将窗口数组中间点的拟合值代替原始数值，而后依次将该窗口数组向后移动一个点，即可得到原始数据的拟合点，最终实现对数据的平滑处理[12]。在拟合过程中，过于偏离正常趋势曲线的噪声部分会被丢弃，因而该方法能够对数据起到平滑滤波的作用。Savitzky-Golay 滤波器具有如下优点。

(1) Savitzky-Golay 滤波器是基于最小二乘算法提出的，与常用的先在频率中定义特性后转换到时间域的滤波器不同，该滤波器能够对时间域的数据直接进行平滑滤波处理。

(2) 在对应的卷积系数表中可方便地查找各多项式系数，因而在使用该滤波器处理数据时大大减小了计算量，降低了对计算机性能的要求，因此相对而言该方法具有计算简单、快速的优点，是一种实用性强且可用于实时系统信号处理的方法。

(3) Savitzky-Golay 滤波器的窗口宽度可任意调节，这非常适用于采样频率较低时数据的平滑滤波处理。与其他数据平滑处理方法相比，该方法能够在消除干扰的同时极大程度地保留极大值、极小值等数据分布特征，使得原始数据尽可能的不失真。

由 Savitzky-Golay 滤波器的工作原理可知，多项式阶数 $p$ 及窗口数组中 $m$ 的取值会直接影响平滑滤波效果，因而当采用该方法对奇异值进行平滑处理时，应合理选择 $p$ 和 $m$ 的值。

## 5.4.2 奇异值平滑处理

采用 Savitzky-Golay 滤波器对奇异值进行平滑处理时，为得到最合适的多项式阶数 $p$ 及窗口数组中 $m$ 的值，使 Savitzky-Golay 滤波器的平滑滤波效果达到最好，定义误差函数为

$$D = E\left[\frac{1}{N}\sum_{n=1}^{N}(f_n(X) - x(n))^2\right] \tag{5-27}$$

式中，$E$ 为求期望值函数；$x(n)$ 为原始不含噪声信号；$f_n(X)$ 为拟合得到的信号；$X$ 为构造的窗口数组。由式(5-27)可知，当 $D$ 取最小值时，滤波器的滤波效果最好，此时 $p$ 和 $m$ 的值为最佳值。然而，由于 $x(n)$ 为未知量，因而 $D$ 的最小值并不能直接求得。

文献[13]指出，当 $E\left[\left|\dfrac{\partial f_n(X)}{\partial x_n}\right|\right] < \infty$ 时，有

$$E[x(n)f_n(X)] = E[x_n f_n(X)] - \delta^2 E\left[\frac{\partial f_n(X)}{\partial x_n}\right] \tag{5-28}$$

式中，$\delta$ 为 $X$ 的标准差。

当只考虑 $D$ 中的一项时，设

$$D_n = E[(f_n(X) - x(n))^2] = E[f_n(X)^2 + x(n)^2 - 2f_n(X)x(n)] \tag{5-29}$$

根据式(5-28)可得

$$D_n = E\left[f_n(X)^2 - 2x_n f_n(X) + 2\delta^2 \frac{\partial f_n(X)}{\partial x_n}\right] + x(n)^2 \tag{5-30}$$

因此

$$\begin{aligned}
D &= E\left[\frac{1}{N}\sum_{n=1}^{N}\left(f_n(X)^2 - 2x_n f_n(X) + 2\delta^2\frac{\partial f_n(X)}{\partial x_n}\right)\right] + \frac{1}{N}\sum_{n=1}^{N}x(n)^2 \\
&= E\left[\frac{1}{N}\sum_{n=1}^{N}f_n(X)^2 - \frac{2}{N}\sum_{n=1}^{N}x_n f_n(X) + \frac{2\delta^2}{N}\sum_{n=1}^{N}\frac{\partial f_n(X)}{\partial x_n}\right] + \frac{1}{N}\sum_{n=1}^{N}x(n)^2
\end{aligned} \tag{5-31}$$

设

$$\zeta = \frac{1}{N}\sum_{n=1}^{N}f_n(X)^2 - \frac{2}{N}\sum_{n=1}^{N}x_n f_n(X) + \frac{2\delta^2}{N}\sum_{n=1}^{N}\frac{\partial f_n(X)}{\partial x_n} \tag{5-32}$$

由于 $\dfrac{1}{N}\sum_{n=1}^{N}(x(n)^2)$ 为固定值，因而当 $\zeta$ 取最小值时 $D$ 值最小。由此可知，通过求解式(5-32)，使 $\zeta$ 取最小值时 $p$ 和 $m$ 的值即为所求值。遗传算法是一类借鉴进化理论和遗传变异理论思想而设计的仿生优化算法，它适用于优化任何函数类，因此，

可采用遗传算法求取使 $\zeta$ 取最小值的 $p$ 和 $m$ [14]。当 $p$ 和 $m$ 的值确定后即可得到最优结构的 Savitzky-Golay 滤波器,进而可实现对奇异值的平滑滤波处理。

当采用 Savitzky-Golay 滤波器对奇异值进行平滑滤波处理时可分为两种情况,一种是首先将小于阈值的奇异值置零,而后对奇异值进行滤波;另一种情况是首先对奇异值进行滤波,而后将小于阈值的奇异值置零。由前述研究可知,当采用第三个奇异值作为阈值时,脉冲涡流检测信号的降噪效果最好,而在对第三个奇异值进行拟合时需采用前后奇异值进行计算,此时是否将第四个奇异值置零会直接影响第三个奇异值的拟合结果,因而两种情况下脉冲涡流检测信号的降噪结果必然会存在一定的差异。

为对比两种情况下的降噪效果,在两种情况下分别对原始含噪脉冲涡流检测信号进行降噪,此外,为验证 Savitzky-Golay 滤波器的作用效果,实验还在不采用 Savitzky-Golay 滤波器对奇异值进行平滑滤波的情况下对原始信号进行了降噪,即直接采用最优奇异值分解降噪方法降噪。不同方法的降噪结果如图 5-6 所示,在降噪过程中所构造的 Hankel 矩阵维数及 Savitzky-Golay 滤波器结构均为最优。

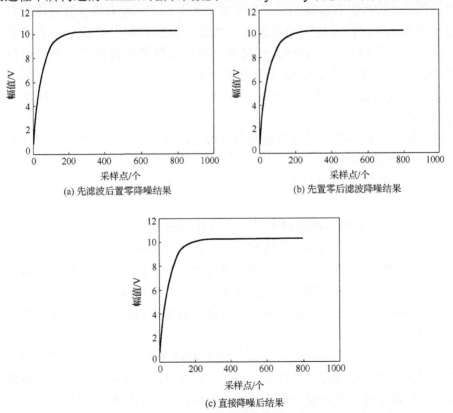

(a) 先滤波后置零降噪结果　　　　　　(b) 先置零后滤波降噪结果

(c) 直接降噪后结果

图 5-6　不同情况下的降噪结果

可以看出，不同情况下原始含噪脉冲涡流检测信号中的噪声均得到了有效的抑制。为进一步定量比较不同情况下的降噪效果，分别计算了降噪后信号的信噪比，其结果如表 5-1 所示。

表 5-1　不同情况下降噪后信号的信噪比

| 降噪方法 | 信噪比/dB |
| --- | --- |
| 先滤波后置零 | 40.1716 |
| 先置零后滤波 | 40.1675 |
| 直接降噪 | 40.0683 |

由表 5-1 可以看出，当先对奇异值进行平滑滤波，而后将小于阈值的奇异值置零时，脉冲涡流检测信号的降噪效果最好。这是因为虽然前三个奇异值主要是由脉冲涡流信号产生的，而在第四个奇异值中仍会包含较少的脉冲涡流信号信息，此时若将其直接置零，会使第三个奇异值的拟合值与实际理论值间存在一定的偏差，从而影响降噪的结果，因而当采用 Savitzky-Golay 滤波器对奇异值进行平滑处理时，应首先对奇异值进行滤波，而后再对其作进一步的处理。此外，从表中还可以看出，直接采用最优奇异值分解降噪方法降噪后信号的信噪比最小，由此可知，在最优奇异值分解降噪方法基础上，采用 Savitzky-Golay 滤波器对奇异值进行平滑处理可进一步抑制脉冲涡流检测信号中的噪声，提高信号的信噪比。

综上所述，本章提出的采用奇异值分解方法对脉冲涡流检测信号进行降噪的具体实现步骤可表述如下。

步骤 1：求得脉冲涡流检测信号负熵与信噪比之间的关系（非线性正比关系）。

步骤 2：将检测信号构造成不同维数的 Hankel 矩阵，而后根据奇异值分解降噪原理分别对其进行降噪并计算降噪后信号的负熵，将最大负熵值对应的 Hankel 矩阵作为最优维数矩阵，而后对其进行奇异值分解，得到该矩阵的奇异值。

步骤 3：将最优维数矩阵的不同奇异值作为阈值对信号进行降噪，而后计算阈值不同时降噪后信号的负熵，并将使负熵达到最大值时的奇异值作为最终采用的降噪阈值。

步骤 4：首先确定 Savitzky-Golay 滤波器的最优结构，而后采用该滤波器对步骤 2 中得到的奇异值进行平滑处理，最后根据奇异值分解降噪原理采用步骤 3 中确定的阈值对信号进行降噪，最终得到降噪后的脉冲涡流检测信号。

# 5.5　脉冲涡流检测信号降噪

## 5.5.1　算法性能分析

　　为分析所提出的脉冲涡流检测信号降噪方法的性能,分别采用本章所提方法、传统奇异值分解降噪方法和文献[6]中方法对圆台状脉冲涡流差分传感器顶部和底部得到的含噪信号进行降噪。含噪信号可表示为 $f(t) = h(t) + n(t)$,其中 $h(t)$ 为由圆台状差分传感器顶部(底部)计算得到的信号, $n(t)$ 为高斯噪声信号,含噪信号的信噪比为 25dB。不同方法降噪后信号的信噪比和负熵如表 5-2 所示。

表 5-2　不同方法降噪后信号的信噪比和负熵

| 信号 | 信噪比/dB | | | 负熵 | | |
|---|---|---|---|---|---|---|
| | 本章<br>所提方法 | 文献[6]方法 | 传统奇异值<br>分解降噪方法 | 本章<br>所提方法 | 文献[6]方法 | 传统奇异值<br>分解降噪方法 |
| 顶部信号 | 45.5233 | 45.3156 | 45.1024 | 27.2621 | 27.2417 | 27.2293 |
| 底部信号 | 40.6829 | 40.4326 | 40.3038 | 24.7075 | 24.6873 | 24.6831 |

　　由表 5-2 可知,文献[6]方法的降噪效果要优于传统奇异值分解降噪方法,这是因为文献[6]在传统奇异值降噪方法的基础上采用 Savitzky-Golay 滤波器对奇异值进行了平滑处理,进一步抑制了噪声干扰,因而其降噪性能较好;而本章所提出的降噪方法不仅对奇异值进行了平滑处理,而且还在降噪过程中对构造的 Hankel 矩阵维数和采用的奇异值阈值进行了讨论,确定了所构造矩阵的最优维数和最佳的降噪阈值,因而本章提出的方法具有最优的降噪性能。同时从表中可以看出,各方法降噪后信号负熵与信噪比的分布规律一致,从而进一步验证了负熵作为降噪效果评估参数的可行性。

## 5.5.2　实验信号降噪

　　实验采用圆台状脉冲涡流差分传感器提取了铝试件的缺陷检测信号,所用实验系统如图 5-7 所示。其中信号发生器输出频率为 50Hz,占空比为 0.5 的方波电压信号,该方波电压信号控制电子开关的闭合,电子开关控制着电源输出电压信号的闭合以产生所需的方波电压激励信号,电源的输出电压为 10V,最后激励信号直接加载到圆台状激励线圈上,所用检测磁敏器件为霍尔元件,检测时传感器提离高度为 1mm,而后采用存储示波器对检测信号进行采集,最后传输至计算机对其进行处理。经采集放大后原始检测信号如图 5-8 所示。

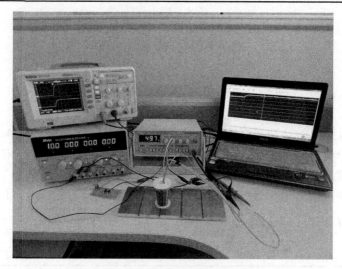

图 5-7　脉冲涡流无损检测系统

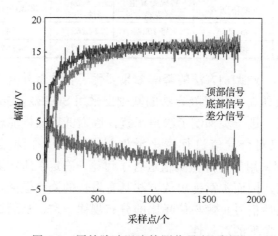

图 5-8　原始脉冲涡流检测信号（见彩图）

　　由图 5-8 可知，实验采集的原始脉冲涡流检测信号中包含有大量的噪声，若不对传感器顶部与底部信号进行降噪处理而直接求差分信号，则很难从求得的差分信号中准确得到信号的峰值及峰值时间等特征。

　　为降低噪声干扰，提高差分信号的可识别性，采用所提出的降噪算法对差分传感器原始检测信号进行降噪。首先将原始检测信号构造成不同的 Hankel 矩阵，而后根据奇异值分解降噪原理对其进行降噪，当 Hankel 矩阵维数不同时降噪后信号的负熵如图 5-9 所示。

　　由图 5-9(a) 可知，对于差分传感器顶部检测信号，当构造的 Hankel 矩阵行数为 160 时降噪后信号的负熵值最大，即此时降噪效果最好；同样从图 5-9(b) 中可以看出，对于差分传感器底部检测信号，当 Hankel 矩阵行数为 180 时信号的降噪效果最好。将差分传感器顶部和底部检测信号分别构造成最优维数的 Hankel 矩阵，而后分别对其进行奇异值分解，并将不同奇异值作为阈值对信号进行降噪。当采用的阈值不同时，降噪后信号的负熵如图 5-10 所示。

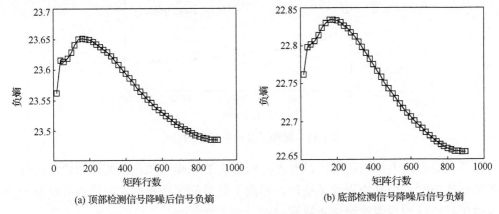

(a) 顶部检测信号降噪后信号负熵　　　　　　(b) 底部检测信号降噪后信号负熵

图 5-9　Hankel 矩阵维数不同时降噪后信号的负熵

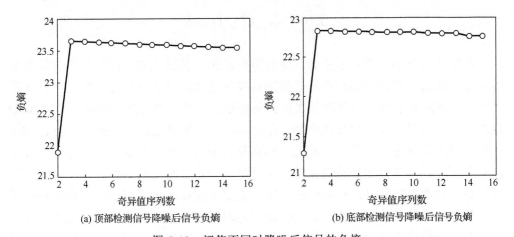

(a) 顶部检测信号降噪后信号负熵　　　　　　(b) 底部检测信号降噪后信号负熵

图 5-10　阈值不同时降噪后信号的负熵

图 5-10 表明，当采用第三个奇异值作为阈值时，降噪后两信号的负熵均达到最大，表明此时降噪效果最好，因此在对信号进行降噪时将第三个奇异值作为阈值。

最后采用 Savitzky-Golay 滤波器对原始检测信号所构造的最优 Hankel 矩阵的奇异值进行平滑处理，而后将第三个奇异值作为阈值对信号进行降噪，降噪后差分传感器检测信号如图 5-11 所示。

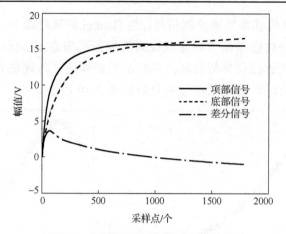

图 5-11　降噪后脉冲涡流检测信号

通过观察图中降噪结果可以看出，所提出的降噪方法在保留原始检测信号有效特征的同时，很好地剔除了噪声，提高了信号的可识别性，表明该方法是一种有效可行的脉冲涡流检测信号降噪方法。

## 5.6　本章小结

本章首先介绍了奇异值分解方法的降噪原理，并提出将负熵应用于奇异值降噪理论，通过分析脉冲涡流信号负熵随信噪比变化的规律对该方法的可行性进行了验证；而后将负熵作为降噪效果的评估参数，计算了降噪过程中所构造 Hankel 矩阵维数不同时降噪后信号的负熵，提出将最大负熵对应的矩阵维数作为 Hankel 矩阵最优维数的方法，并通过对比不同降噪信号的负熵与信噪比关系验证了该方法的可行性；其次提出通过求降噪后信号的负熵，并将使负熵取最大值时对应的奇异值作为阈值对信号进行降噪的方法，克服了传统阈值选择方法依靠经验的不足；最后，通过采用 Savitzky-Golay 滤波器对奇异值进行了平滑滤波处理，进一步抑制了奇异值中包含的噪声信息，且为使降噪效果最好，采用遗传算法确定了 Savitzky-Golay 滤波器的最优结构。本章的具体研究结果如下。

（1）随着脉冲涡流信号信噪比的增加，信号的负熵逐渐增大，且增大的速度逐渐降低，即脉冲涡流信号的负熵与信噪比成非线性正比关系。由此可知，负熵能够反映脉冲涡流信号的含噪情况，可将负熵作为标准评估脉冲涡流检测信号被噪声污染的程度。

（2）采用 Savitzky-Golay 滤波器对奇异值进行平滑处理可进一步抑制脉冲涡流检测信号中的噪声，提高信号的信噪比。采用 Savitzky-Golay 滤波器对奇异值进行平滑滤波处理时可分为两种情况，一种是首先将小于阈值的奇异值置零，而后对奇异值进行滤波；另一种情况是首先对奇异值进行滤波，而后将小于阈值的奇异值置零。为使降噪效果达到最优，应首先对奇异值进行平滑处理，而后再将小于阈值的奇异值置零，最后再通过奇异值分解的逆过程得到降噪后的信号。

（3）本章所提出的降噪方法不仅对奇异值进行了平滑处理，而且还在降噪过程中对构造的 Hankel 矩阵维数和采用的奇异值阈值进行了讨论，确定了所构造矩阵的最优维数和最佳的降噪阈值，因而该方法能较好地降低脉冲涡流检测信号中的噪声，提高信号的信噪比，可为后续的研究奠定基础。

# 参 考 文 献

[1]　王俊, 周德强, 肖俊峰, 等. 铁磁性材料脉冲涡流检测信号的消噪方法[J]. 无损检测, 2016, 38(1):44-48.

[2]　邱选兵, 魏计林, 崔小朝, 等. 异构双核构架下的脉冲涡流信号实时小波去噪[J]. 计算机应用, 2013, 33(3):866-870.

[3]　Huang C, Wu X J, Xu Z Y, et al. Pulsed eddy current signal processing method for signal denoising in ferromagnetic plate testing[J]. NDT&E International, 2010, 43(7): 648-653.

[4]　Reninger P A, Martelet G, Deparis J, et al. Singular value decomposition as a denoising tool for airborne time domain electromagnetic data[J]. Journal of Applied Geophysics, 2011, 75(2):264-276.

[5]　赵学智, 叶邦彦, 陈统坚. 奇异值差分谱理论及其在车床主轴箱故障诊断中的应用[J]. 机械工程学报, 2010, 46(1):100-108.

[6]　Hassanpour H, Zehtabian A, Sadati S J. Time domain signal enhancement based on an optimized singular vector denoising algorithm[J]. Digital Signal Processing, 2012, 22(5): 786-794.

[7]　徐锋, 刘云飞. 基于中值滤波-奇异值分解的胶合板拉伸声发射信号降噪方法研究[J]. 振动与冲击, 2011, 30(12):135-140.

[8]　毋文峰, 陈小虎, 苏勋家, 等. 基于负熵的旋转机械盲信号处理[J]. 中国机械工程, 2011, 22(10):1193-1196.

[9]　丁世飞, 朱红, 许新征, 等. 基于熵的模糊信息测度研究[J]. 计算机学报, 2012, 35(4):796-801.

[10]　张立志. 基于脉冲涡流技术的连铸坯表面缺陷检测[D]. 重庆: 重庆大学, 2011.

[11] Quan Q, Cai K Y. Time-domain analysis of the Savitzky-Golay filters[J]. Digital Signal Processing, 2012, 22(2):238-245.

[12] 赵安新, 汤晓君, 张钟华, 等. 优化 Savitzky-Golay 滤波器的参数及其在傅里叶变换红外气体光谱数据平滑预处理中的应用[J]. 光谱学与光谱分析, 2016, 36(5): 1340-1344.

[13] Krishnan S R, Sekhar C. On the selection of optimum Savitzky-Golay filters[J]. IEEE Transactions on Signal Processing, 2013, 61(2):380-391.

[14] 曹永春, 田双亮, 邵亚斌, 等. 基于免疫遗传算法的复杂网络社区发现[J]. 计算机应用, 2013, 33(11):3129-3133.

# 第 6 章　脉冲涡流检测的影响因素分析

## 6.1　概　　述

当采用圆台状脉冲涡流差分传感器进行检测时，检测信号特征会受提离及被测试件电导率变化的影响；此外，激励信号的强度及传感器激励线圈参数等因素的变化也会对检测结果产生一定的影响，即当检测条件改变时，圆台状差分传感器的缺陷检测性能会发生变化。因而，分析脉冲涡流检测的影响因素，可为在实际检测中提高脉冲涡流检测系统的性能提供理论指导。

在研究脉冲涡流检测技术时，理论模型对于理解检测的物理过程、优化选择测试参数等具有重要的作用[1]；此外，采用理论模型进行研究对于降低实验成本，提高研究效率也具有重要意义。目前，脉冲涡流缺陷检测的理论建模及求解方法主要有解析法和数值法。解析法较适用于被测对象几何形状比较规则时电磁场问题的建模与求解，而对于复杂边界条件下磁场的计算则需要采用数值法。

在对脉冲涡流检测的影响因素展开研究时，磁场问题的求解较复杂，因而本章介绍采用数值法对脉冲涡流检测影响因素分析的过程，并建立圆台状差分传感器缺陷检测的三维有限元理论模型，通过仿真与实验相结合的方法分别分析激励线圈时间常数、试件电导率、激励信号幅值及提离等因素对检测的影响。

## 6.2　有限元模型建立与求解过程

建立脉冲涡流缺陷检测的理论模型不仅能够为分析检测的影响因素提供理论依据，而且可以节约实验成本提高研究效率。目前，脉冲涡流缺陷检测的理论建模及求解方法主要有解析法和数值法。常用的数值法主要有有限元分析法、有限差分法、边界元法及矩量法等，其中有限元分析法是近些年来随着电子计算机技术发展而迅速发展起来的一种现代计算方法，该方法已被广泛应用于电磁场问题的求解。有限元分析法在计算过程中将封闭的区域划分为若干子区域，且每一子区域用一个近似函数来代替，而后对整个场域进行离散，最终得到一个近似方程组，通过对方程组联立求解即可得到所求值，在求解过程中，每一子区域内的介质均被假设为相同且均匀分布的介质。此外，有限元分析法还能有效地处理非线性介质特性，非常适合场域交界形状复杂问题的求解。在对脉冲涡流检测的影响因素展开研究时，磁场问题的求解较复杂，因而采用有限元分析法对脉冲涡流缺陷检测系统进行建模和求解，即可研究各种因素对检测结果的影响，实现对检测影响因素的分析。

本章对脉冲涡流缺陷检测模型的有限元分析是采用有限元仿真软件完成的。目前，很多有限元分析软件均可实现对电磁场问题的求解与分析，且还有一些由各实验室针对其研究问题而开发的专用有限元分析软件。在众多有限元仿真软件中，由瑞士 COMSOL 公司开发的 COMSOL Multiphysics（以下简称 COMSOL）是一款大型的高级数值有限元仿真计算软件，其主要特点是操作简单，且可实现与MATLAB 软件的直接连接，非常便于仿真数据的后期分析与处理，尤其是其高效的计算性能和杰出的多物理场处理能力，使得该软件已在全球领先的数值仿真领域得到了广泛应用。鉴于此，本章采用 COMSOL 有限元仿真软件完成脉冲涡流缺陷检测模型的建模与求解。

一个典型的 COMSOL 分析过程可以分为以下三个大部分[2]：前处理、加载与求解、后处理。其具体实现步骤如下。

(1)建立检测模型并设置相应的材料属性。

检测模型是对分析对象形状和尺寸的描述，它是由实际检测对象的形状抽象得来的，准确建立脉冲涡流缺陷检测模型是开展仿真实验研究的基础[3-4]。在建立检测模型时，模型的尺寸要与实际相符，且模型中各部分材料的属性参数也必须要与实际检测中所用材料的属性相一致。在某些情况下，为适应有限元方法的特点可根据被测对象的具体特征对形状和大小进行必要的简化、变化和处理，因而所建检测模型的形状和尺寸可能会与实际对象完全相同，也可能会存在一定的差别，此时，应尽可能地使仿真结果逼近实测结果以起到指导实际的作用。

由脉冲涡流检测原理可知，其检测系统主要由信号源、激励线圈、被测对象和信号采集部分及计算机组成，因而，在采用 COMSOL 软件建模时对激励线圈和被测对象进行分析即可。如图 6-1 所示为一个圆台状激励线圈的三维缺陷检测实体模型，为便于观察和表述，图中省去了包裹的空气域部分。

当激励信号加载到激励线圈时，通过对模型求解即可得到模型中各区域的磁场。通过改变模型中各种系统参数即可得到不同条件的检测结果，进而可实现对脉冲涡流检测影响因素的分析。当脉冲涡流缺陷检测模型建立后，还应根据实际检测情况设置模型中各区域材料的属性。

(2)施加激励载荷及设置边界条件。

仿真实验中的有效结果主要集中在脉冲激励的上升(下降)沿部分，因而仿真中根据需求将相应的脉冲电流信号作为激励，并通过设置线圈表面电流密度将激励信号加载于激励线圈中。图 6-2 为俯视圆台状激励线圈顶部时其表面电流密度分布图,箭头所指方向为线圈表面电流方向,由此可知,模型中激励电流沿激励线圈表面按逆时针方向流动,与实际检测时电流流动情况基本相符,能够满足仿真分析的需要。

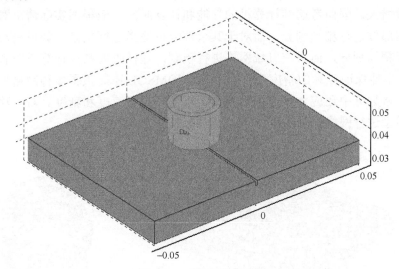

图 6-1　三维有限元模型

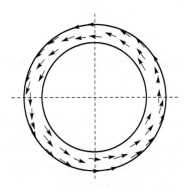

图 6-2　线圈顶部表面电流密度分布

　　有限元仿真中模型的边界条件是仿真对象与外界相互之间的约束条件,通过设置相应的边界条件可模拟具体的实际检测情况,因而只有在一定的边界条件下,才能准确求得模型的解。在对本章所建立模型边界条件设置时,将最外层空气域表面设置为磁绝缘,根据激励电流在线圈中的实际分布情况将激励线圈边界条件设置为表面电流,最后根据电磁场的传播理论,将试件中各个接触面设置为连续条件。

(3)划分网格。

在有限元仿真模型求解过程中，网格的划分会直接影响仿真结果的精度，一般情况下，网格划分得越密集，模型的仿真结果精度越高；若网格划分比较稀疏，则其精度较低。然而，当网格划分较密集时，会使计算中求解步数大幅增加，导致计算量增大。因而考虑到计算机的性能和计算时间，应根据实际情况对需要着重分析的部位进行精细划分，而对于其余部分可适当进行粗划。如可将缺陷附近网格进行精细划分，而将空气域网格进行粗划，这样既能减少计算量节省计算时间，同时也能保证计算的精度要求。此外，COMSOL 还提供了多种网格划分的方式，在网格划分中还应合理选择划分方式以提高计算速度和精度。对脉冲涡流缺陷检测模型进行网格划分后的结果如图 6-3 所示。

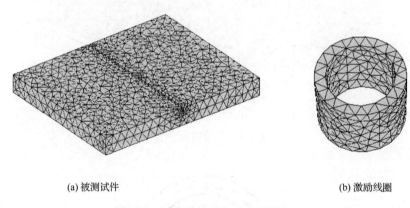

(a) 被测试件　　　　　　　　　　　　　　(b) 激励线圈

图 6-3　划分网格后的有限元模型

(4)求解。

COMSOL 提供了不同的求解器，在求解过程中可根据实际网格划分情况及具体要求合理选择求解器。通常情况下，COMSOL 会根据模型具体情况自动选择求解器，且用户还可根据实际情况对求解器参数进行修正。为求得模型中各区域磁场，本章采用瞬态求解器对检测模型进行求解。

(5)后处理。

仿真实验的最终目的是得到检测信号并对其进行分析，因而对检测模型的后处理主要是从检测模型中读取数据得到不同条件下的检测信号，以及以不同的方式对计算结果进行显示等。铝试件缺陷检测模型的仿真结果如图 6-4 所示。

从图 6-4(a)中可以看出在激励信号作用下，试件中会产生感应涡流，同时还可以发现，感应涡流的分布会受缺陷的影响，在缺陷底部涡流的密度相对较大，在缺陷与试件表面交界处感应涡流的密度最小；从图 6-4(b)可以看出，检测模型能准确求得缺陷附近的磁场，仿真模拟的结果达到了预期要求，这可为分析不同检测条件下缺陷检测信号特征奠定基础。

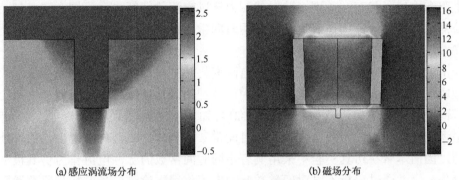

(a) 感应涡流场分布      (b) 磁场分布

图 6-4 仿真结果（见彩图）

## 6.3 激励线圈时间常数对检测的影响

### 6.3.1 激励线圈内电流特征分析

当采用电压源作为激励时，脉冲涡流检测系统的等效电路如图 6-5 所示。

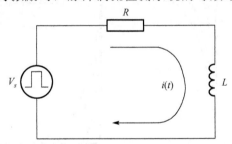

图 6-5 脉冲涡流检测系统的等效电路

图中 $V_s$ 为脉冲电压源，$R$ 和 $L$ 分别为激励线圈的电阻与电感。根据电路分析理论，当 $V_s$ 为脉冲电压的上升沿时，线圈内电流可表示为[5]

$$i(t) = \frac{V_s}{R} - \frac{V_s}{R} \mathrm{e}^{-(R/L)t} = \frac{V_s}{R} - \frac{V_s}{R} \mathrm{e}^{-t/\tau} \tag{6-1}$$

式中，$\tau = L/R$ 称为激励线圈的时间常数。当 $V_s$ 为脉冲电压的下降沿时，线圈内电流可表示为

$$i(t) = \frac{V_s}{R} \mathrm{e}^{-(t-T)/\tau} \tag{6-2}$$

式中，$T$ 为脉冲宽度。

　　由式(6-1)和式(6-2)可知，当脉冲电压信号源不变时，激励线圈的电阻和电感会对线圈内激励电流的特征产生影响，而在实际检测中，不同传感器激励线圈的电阻和电感必然存在差别，此时线圈内激励电流的特征也会不同，这必然会影响检测信号的特征，因而研究激励线圈时间常数对脉冲涡流检测的影响具有重要意义。

　　由电磁感应原理可知，仅当激励电流变化时被测试件中才会产生感应涡流，当激励电流稳定时，感应涡流消失，因而脉冲涡流检测信号主要受激励电流上升(下降)阶段的影响，由式(6-1)和式(6-2)可知，激励电流上升(下降)阶段的特征是由激励线圈的时间常数决定的，当时间常数不同时，线圈内激励电流的特征也不同，因而本章在仿真实验中采用具有不同时间常数的脉冲电流作为仿真模型的激励信号，并通过分析不同时间常数脉冲电流作用下检测信号的特征研究激励线圈时间常数对脉冲涡流检测的影响。

　　图 6-6 为具有不同时间常数的脉冲激励电流信号。激励电流信号是由式(6-1)和式(6-2)计算得到的，计算中所用脉冲电压信号 $V_s$ 的幅值为 10V，周期为 16ms，占空比为 50%，电阻 $R$ 为 1Ω。

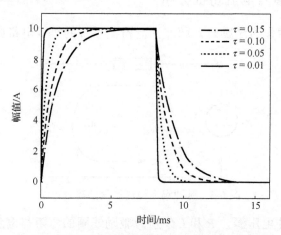

图 6-6　具有不同时间常数的脉冲激励电流信号

　　从图 6-6 可以看出，当激励线圈时间常数不同时激励电流在上升(下降)阶段存在较大的差别，随着时间常数的增大，激励电流在上升(下降)阶段逐渐趋于平缓，当信号稳定时，各激励电流幅值相等。在实际脉冲涡流检测中，通常只分析激励电流在上升(下降)阶段作用下的检测信号特征[6]，因此，采用前半个周期(上升沿部分)的脉冲电流作为激励信号展开研究。

　　时间常数不同时激励电流在半个周期内的频谱特征如图 6-7 所示。

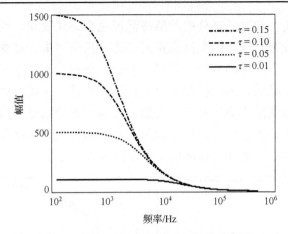

图 6-7　不同时间常数激励电流的频谱图

由图 6-7 可以看出，当频率小于 10kHz 时，不同激励电流的频谱存在较大的差别。当时间常数为 0.01 时，激励电流的上升沿较陡，信号中包含的低频成分相对较少，因此，该信号频谱中低频成分幅值相对较小；随着时间常数的增大，激励电流在上升阶段逐渐趋于平缓，低频成分逐渐增强，因而频谱中低频成分的幅值也逐渐增大。由于时间常数不同的激励电流各频率成分存在一定的差异，而脉冲涡流检测中被测磁场可等效为激励信号各频率谐波作用下磁场的叠加[7]，因此，在不同激励电流作用下，脉冲涡流检测信号的频谱特征必然也会存在一定的差异。

## 6.3.2　时间常数对检测信号特征的影响

为分析激励线圈时间常数不同时检测信号的特征，首先建立如图 6-1 所示缺陷检测的有限元模型，而后将具有不同时间常数的脉冲电流信号的前半个周期作为激励信号对缺陷检测模型进行求解。实验中激励线圈为圆台状激励线圈，被测对象为铝试件，缺陷位于被测试件上表面中央处，激励线圈的提离高度为 1mm，为分析缺陷尺寸不同时不同激励信号作用下检测信号的特征，分别对宽为 1mm，深为 1mm、2mm、3mm、4mm 的四组缺陷的检测信号进行了求解。

首先以宽和深均为 1mm 的缺陷为研究对象，分析检测信号特征受激励信号时间常数影响的规律。在不同时间常数激励信号作用下，激励线圈顶部与底部检测信号如图 6-8 所示。

从图 6-8 可以看出，在不同激励信号作用下，线圈顶部与底部各检测信号在上升沿部分均存在较大的差别，随着时间常数的增大，顶部与底部各检测信号的上升沿部分均逐渐趋于平缓，当信号趋于稳定时，顶部与底部各检测信号幅值分别相等。这是因为当时间常数较小时，激励电流的上升时间较短，线圈内激励脉冲磁场变化较迅速，此时，试件中的感应涡流也会迅速变化，因而检测信号变化较快，上升时间较短，当激励电流稳定时，感应涡流消失，检测信号趋于稳定；随着时间常数的增大，激励电流上升时间变长，使得线圈内激励脉冲磁场与感应涡流磁场变化速度降低，因而检测信号变化过程也趋于平缓。此外，通过对比分析激励线圈顶部与底部检测信号特征可知，在同一激励信号作用下，底部检测信号的上升速度要小于顶部信号，这是因为底部检测位置距离试件较近，受感应涡流磁场的影响较强，因而此时信号的上升速度相对较小。

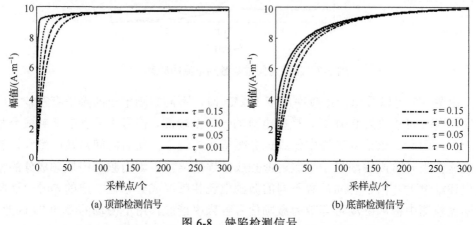

(a) 顶部检测信号　　　　　　　　　　　　(b) 底部检测信号

图 6-8　　缺陷检测信号

分别将同一激励信号作用下线圈顶部与底部检测信号做差分处理，可得不同时间常数激励信号作用下的差分检测信号如图 6-9 所示。

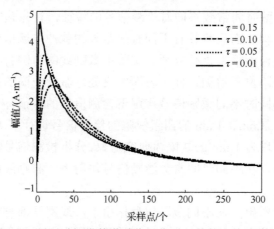

图 6-9　不同时间常数激励信号作用下的差分检测信号

由图 6-9 可知，随着时间常数的增大，差分检测信号的峰值逐渐减小，峰值时间逐渐变长。在脉冲涡流检测中，差分检测信号的峰值特征能有效反映被测缺陷的信息，因而当缺陷尺寸的变化量相同时，差分检测信号峰值相对变化量越大表明脉冲涡流检测系统对缺陷尺寸变化表现得越灵敏，其缺陷检测能力也越强，因而为分析时间常数对脉冲涡流检测系统缺陷检测能力的影响，计算求得了不同时间常数激励信号作用下，缺陷深度由 1mm 增加到 4mm 时差分检测信号峰值的相对变化量，其结果如表 6-1 所示。在表 6-1 中峰值相对变化量计算公式如下：

$$\Delta p = (p_1 - p_4)/p_1 \tag{6-3}$$

式中，$p_1$ 和 $p_4$ 分别为深 1mm 和 4mm 缺陷的差分检测信号峰值。

表 6-1　差分检测信号峰值的相对变化量

| 时间常数 | 相对变化量/% |
| --- | --- |
| $\tau = 0.01$ | 23.82 |
| $\tau = 0.05$ | 24.52 |
| $\tau = 0.10$ | 24.68 |
| $\tau = 0.15$ | 24.70 |

从表 6-1 可以看出，当缺陷尺寸变化量一定时，随着时间常数的增大，缺陷差分检测信号峰值的相对变化量不断增加。由此可知，在脉冲涡流检测中，随着激励线圈时间常数的增大，脉冲涡流检测系统的缺陷检测能力逐渐增强。

为研究差分检测信号频域特征受线圈时间常数的影响规律，实验求得了不同时间常数激励电流作用下不同深度缺陷差分检测信号的频谱。当激励电流时间常数不同时，不同深度缺陷的差分检测信号频谱如图 6-10 所示。

从图 6-10 可以看出，在不同时间常数激励电流作用下，各缺陷差分检测信号的频谱幅值随着频率的增加均逐渐降低。此外，从图中还可知，对于同一缺陷，当频率小于 1kHz 时，各信号频谱幅值相差不大，而后随着频率的增加各频谱间的差别逐渐增大，且对应时间常数较小的差分检测信号各频率幅值较大；当频率大于 10kHz 时，随着频率的增加，各频谱间的差别逐渐减小；即当频率在 1～10kHz 内，各频谱幅值间存在最大差值。

为研究差分检测信号频谱的变化规律，定义频谱幅值的相对变化量为 $\Delta A_x = (A_r - A_x)/A_r$，其中 $A_x$ 为不同激励电流作用下差分检测信号的频谱幅值，$A_r$ 为参考频谱幅值，此处 $A_r$ 取时间常数为 0.01 的激励电流作用下差分检测信号的频谱幅值。由 $\Delta A_x$ 的定义式可知，$\Delta A_x$ 反映了两频谱在任意频率处幅值的差异，在实际检测中，只需将已知时间常数的激励线圈作用下的差分检测信号频谱作为参考频谱，而后即可求得不同激励线圈作用下差分检测信号频谱幅值的相对变化量，通过求解频谱幅值相对变化量分析信号频域特征的方法在工程应用中不仅易于实现而且具有较好的实用价值。

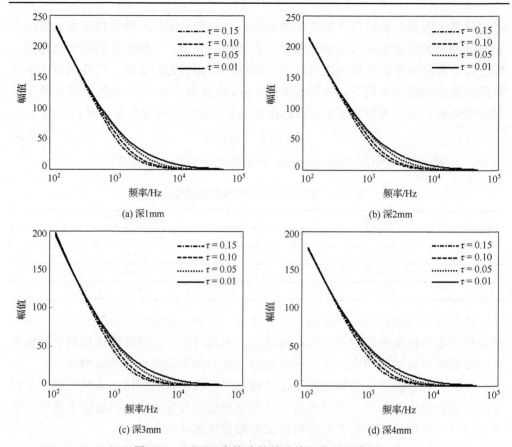

图 6-10　不同深度缺陷的差分检测信号频谱图

　　由于差分检测信号各频率成分特征仅受相同频率激励谐波的影响，因此，相对变化量最大处对应的频率即为激励电流中对检测结果影响最大的谐波频率。因而可通过分析差分检测信号频谱幅值相对变化量最大值对应频率随时间常数变化的规律，来研究激励线圈时间常数对差分检测信号频域特征的影响。缺陷深度不同时各频谱幅值相对变化量最大值对应频率如表 6-2 所示。为便于表述，将各频谱幅值相对变化量最大值对应的频率简称为对应频率。

表 6-2　不同深度缺陷差分检测信号频谱的对应频率

| 缺陷深度/mm | 对应频率/Hz | | |
| --- | --- | --- | --- |
| | $\tau = 0.05$ | $\tau = 0.10$ | $\tau = 0.15$ |
| 1 | 4125 | 2375 | 1750 |
| 2 | 4250 | 2375 | 1750 |
| 3 | 4250 | 2500 | 1750 |
| 4 | 4250 | 2500 | 1750 |

从表 6-2 可以看出，对于同一缺陷，随着时间常数的增大，各差分检测信号频谱的对应频率逐渐减小。由此可知，随着时间常数的增大，信号中低频成分的作用相对得到了增强。这是因为随着时间常数的增大，线圈顶部与底部检测信号上升沿均逐渐趋于平缓，使得检测信号中高频成分相对减弱。此外还可以看出，当时间常数较大时，检测信号频谱的对应频率并不受缺陷深度变化的影响，表明此时激励电流中对检测结果影响最大的谐波频率较固定，因而此时便于分析检测信号频域特征受缺陷参数影响的规律。

综上所述，当激励线圈时间常数较大时，脉冲涡流检测系统的缺陷检测能力较强，且差分检测信号频谱的对应频率受缺陷深度变化影响较小，便于分析检测信号频域特征受缺陷参数影响的规律。

为验证上述仿真结果，采用具有不同时间常数的圆台状铝线圈和铜线圈对带有缺陷的铝试件进行了检测，实验制作的铝线圈和铜线圈如图 6-11 所示。为消除线圈几何参数变化对检测结果的影响，所制作的铝线圈和铜线圈的几何参数完全相同，具体参数如表 4-2 所示。铝线圈的时间常数为 $4.337 \times 10^{-4}$，铜线圈的时间常数为 $5.774 \times 10^{-4}$，实验中被测缺陷宽度为 0.8mm，深度为 4mm。不同激励线圈作用下的检测信号如图 6-12 所示。

图 6-11　实验制作的铝线圈和铜线圈

由图 6-12 可知，当采用铜线圈进行检测时，其顶部与底部检测信号上升的速度均相对较小。与铝线圈相比，铜线圈的时间常数较大，可知随着激励线圈时间常数的增大，线圈顶部与底部检测信号上升的速度会减小，实验结果与仿真结果相一致。

为进一步分析时间常数对传感器缺陷检测性能的影响，实验还求得了缺陷深度由 1mm 增加到 4mm 时差分检测信号峰值的相对变化量，其结果如表 6-3 所示。

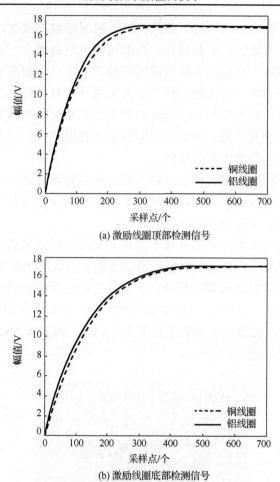

(a) 激励线圈顶部检测信号

(b) 激励线圈底部检测信号

图 6-12　不同激励线圈作用下缺陷检测信号

表 6-3　差分检测信号峰值的相对变化量

| 激励线圈特征 | 相对变化量/% |
| --- | --- |
| 铜线圈 | 24.74 |
| 铝线圈 | 24.43 |

　　由表 6-3 可知，采用铜线圈作为激励线圈检测时，其差分检测信号峰值的相对变化量较大，表明此时检测系统的缺陷检测能力也较强，从而验证了仿真结果的正确性。

　　由以上研究可知，为使脉冲涡流检测系统具有较强的缺陷检测能力，应使用时间常数较大的圆台状激励线圈进行检测。因而，在工程检测中可通过适当增大激励线圈的时间常数提高脉冲涡流检测系统的性能。

## 6.4　材料电导率对检测的影响

当采用圆台状脉冲涡流差分传感器进行检测时，检测信号特征会受材料电导率的影响，尽管该传感器在工程应用中可用于检测多种导体材料，且与传统圆柱形差分传感器相比具有更强的缺陷检测能力，但由于该圆台状差分传感器是针对铝材料设计的，当采用该传感器检测其他材料时，其检测性能必然会受到影响。鉴于此，本节将研究材料电导率对圆台状差分传感器检测信号特征的影响规律，以分析电导率变化对该传感器检测性能的影响。

为研究被测试件电导率对检测信号特征的影响规律，首先建立圆台状脉冲涡流差分传感器缺陷检测的有限元模型，并将试件的电导率分别依次设置为 $0.58 \times 10^6 \text{S/m}$、$16.24 \times 10^6 \text{S/m}$、$37.74 \times 10^6 \text{S/m}$ 和 $60.09 \times 10^6 \text{S/m}$，试件的相对磁导率设置为 1，仿真中所用脉冲激励信号的时间常数为 0.1，被测缺陷的宽度和深度均为 1mm。

当试件电导率不同时，圆台状差分传感器激励线圈顶部与底部缺陷检测信号变化曲线如图 6-13 所示。

由图 6-13 可知，当试件电导率不同时，激励线圈顶部与底部各检测信号在上升阶段均存在显著的差异，随着电导率的增加，检测信号在上升阶段上升的速度会降低。这是因为当电导率不同时，在相同激励电流作用下，试件中感应涡流的变化过程并不相同，因而各试件上方感应涡流磁场的变化过程也不同，由于实验中检测的是激励磁场与感应涡流磁场二者的叠加磁场，所以各检测信号在变化过程中会存在一定的差异。随着电导率的增大，试件的导电特性增强，在相同激励作用下试件中感应涡流的强度也相对较强，由于感应涡流磁场的方向与激励磁场的方向相反，因而此时感应涡流磁场对激励磁场变化的阻碍作用也较强，进而使得二者叠加磁场的检测信号曲线在上升阶段上升的速度较低。

通过对比图 6-13(a)与(b)可知，激励线圈底部各检测信号在上升阶段的差异较顶部检测信号更显著。这是由于激励线圈底部距被测试件较近，受感应涡流磁场的影响较大，因而线圈底部各检测信号在上升阶段的差异也相对较大。此外，从图 6-13 还可以看出，当激励线圈顶部与底部各检测信号趋于稳定时其值基本相同，这是因为当激励磁场趋于稳定时，感应涡流逐渐消失，感应涡流磁场也会消失，而线圈中的激励磁场保持不变，因而此时线圈顶部与底部各检测信号曲线分别趋于一致。

为研究电导率对差分检测信号特征的影响，求得不同试件的差分检测信号。当试件电导率不同时，各差分检测信号如图 6-14 所示。

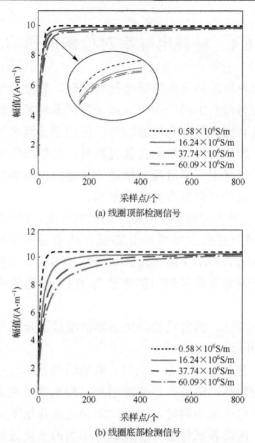

(a) 线圈顶部检测信号

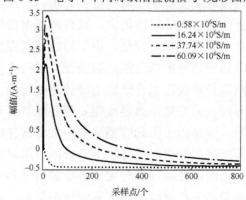

(b) 线圈底部检测信号

图 6-13　电导率不同时缺陷检测信号（见彩图）

图 6-14　电导率不同时的差分检测信号

由图 6-14 可知，随着电导率的增加，差分检测信号的峰值逐渐增大。由此表明试件电导率会对脉冲涡流差分检测信号的峰值特征产生一定的影响，差分检测信号包含缺陷信息的同时也包含了一定的被测试件电导率信息。当电导率较大时，激励线圈底部位置感应涡流磁场对激励磁场的阻碍作用较强，使得底部检测信号上升的速度较慢，而激励线圈顶部距试件较远受感应涡流磁场影响较小，使得顶部各检测信号的差异相对较小，由于差分检测信号是由顶部信号减去底部信号得到的，因而当试件电导率较大时差分检测信号的峰值也较大。

　　缺陷深度由 1mm 增加到 4mm 时，不同电导率试件差分检测信号峰值的相对变化量如表 6-4 所示。

表 6-4　差分检测信号峰值的相对变化量

| 试件电导率 | 相对变化量/% |
| --- | --- |
| $0.58 \times 10^6 \, \text{S/m}$ | 20.61 |
| $16.24 \times 10^6 \, \text{S/m}$ | 24.58 |
| $37.74 \times 10^6 \, \text{S/m}$ | 24.68 |
| $60.09 \times 10^6 \, \text{S/m}$ | 24.61 |

　　由表 6-4 可知，当被测试件为铝时（电导率为 $37.74 \times 10^6 \, \text{S/m}$），差分检测信号峰值的相对变化量最大，表明此时传感器的缺陷检测能力最强。这是由于所用圆台状差分传感器是针对铝材料设计的，因而当被测试件为铝时其缺陷检测性能最好。此外还可以看出，当电导率小于 $37.74 \times 10^6 \, \text{S/m}$ 时，随着电导率的减小，差分检测信号峰值的相对变化量也会减小。由此可知，当试件电导率小于(大于)铝试件电导率时，随着试件电导率与铝试件电导率差值的增大，传感器的缺陷检测能力会逐渐降低。

　　为验证仿真中试件电导率变化对传感器检测性能的影响，采用脉冲涡流检测系统分别提取了铝试件和铜试件的缺陷检测信号，被测铜试件和铝试件如图 6-15 所示。图中铝试件和铜试件的长度为 250mm，宽度为 100mm，厚度为 10mm，铝试件和铜试件电导率分别为 $37.74 \times 10^6 \, \text{S/m}$、$60.09 \times 10^6 \, \text{S/m}$，被测缺陷的宽度为 0.8mm，深度为 4mm，两试件的缺陷检测信号如图 6-16 所示。

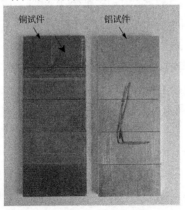

图 6-15　被测铜试件和铝试件

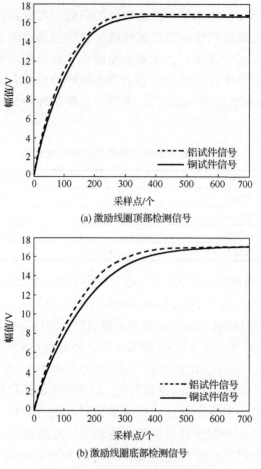

(a) 激励线圈顶部检测信号

(b) 激励线圈底部检测信号

图 6-16　不同试件缺陷检测信号

　　由图 6-16 可以看出,当被测试件电导率不同时,激励线圈顶部与底部各检测信号在上升阶段存在一定的差异,且铜试件检测信号上升的速度较慢,当信号趋于稳定时顶部与底部各检测信号值分别相等。此外图 6-16 还表明,线圈底部两检测信号在上升阶段的差异较顶部更显著,由此表明试件电导率主要影响脉冲涡流检测信号的上升阶段,随着电导率的增加,检测信号上升的速度降低,且传感器底部检测信号受电导率的影响相对较大,从而验证了前述仿真结果。为进一步验证试件电导率对差分检测信号特征的影响规律,分别求得了铝试件和铜试件的差分检测信号,如图 6-17 所示。

　　从图 6-17 可以看出,铜试件差分检测信号的峰值较大,由此可知对于相同尺寸的缺陷,当试件电导率较大时其差分检测信号的峰值也较大,与仿真结果相一致。此外,实验还提取了深度为 1mm 缺陷的差分检测信号,当缺陷深度由 1mm 增加到 4mm 时，铝试件和铜试件差分检测信号峰值的相对变化量分别为 24.74%和 18.36%，由此可知，当被测试件为铝时，圆台状差分传感器的缺陷检测能力更强。

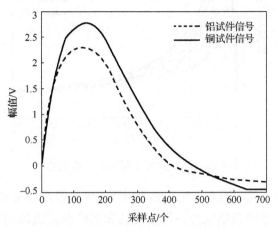

图 6-17　不同试件的差分检测信号

综上所述，圆台状差分传感器检测信号特征会受被测试件属性的影响，当被测试件为铝时，传感器的缺陷检测能力最强，当试件电导率小于(大于)铝试件电导率时，随着试件电导率与铝试件电导率差值的增大，传感器的缺陷检测能力会逐渐降低，因而在实际检测中可采用该传感器检测铝及电导率与其相差较小的材料，而当材料电导率与铝相差较大时，需对传感器的结构进行调整以提高其缺陷检测能力。

## 6.5　激励信号幅值对检测的影响

当脉冲电压激励信号幅值不同时，由式(6-1)和式(6-2)可知，此时激励线圈中电流的强度也不同，由于激励磁场强度与激励线圈中电流强度成正相关关系，因而脉冲电压激励信号幅值的大小会直接影响激励磁场的强度，进而会影响脉冲涡流检测信号的特征。由此可知，研究脉冲电压激励信号幅值对脉冲涡流检测的影响，可为实际脉冲涡流检测中激励信号幅值的选择提供理论依据。

首先采用脉冲涡流缺陷检测的有限元模型求解不同幅值激励信号作用下的检测信号。计算中电压源信号幅值分别为 5V、7V、9V、11V、13V、15V，此时激励电流可由式(6-1)和式(6-2)求得，激励线圈时间常数为 0.1，电阻 $R$ 为 1Ω。被测试件为铝，被测缺陷宽度和深度均为 1mm。不同幅值激励信号作用下缺陷差分检测信号如图 6-18 所示。

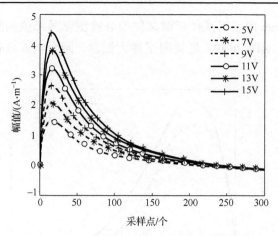

图 6-18　激励信号不同时差分检测信号

由图 6-18 可知,随着激励信号幅值的增大,差分检测信号的峰值也逐渐增加。这是因为当激励信号幅值增大时,激励磁场和感应涡流磁场同时也会增大,而激励线圈底部距试件近受感应涡流磁场的阻碍作用较强,而顶部受其阻碍作用弱,因而使得差分检测信号的峰值增加。为研究激励信号幅值对圆台状差分传感器缺陷检测能力的影响,实验还求得了不同幅值激励信号作用下宽为 1mm 深为 4mm 缺陷的差分检测信号,当缺陷深度由 1mm 增加到 4mm 时,其差分检测信号峰值的变化量如图 6-19 所示。

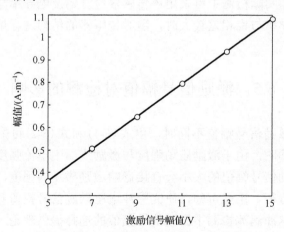

图 6-19　激励信号不同时差分检测信号的峰值变化量

从图 6-19 可以看出,随着激励信号幅值的增大,差分检测信号峰值的变化量线性增加。然而,当缺陷深度由 1mm 增加到 4mm 时,经计算不同幅值激励信号作用下差分检测信号峰值的相对变化量均为 24.68%,由此可知,脉冲涡流检测系统对缺陷尺寸变化的灵敏度并不受激励信号幅值变化的影响。然而当激励信号幅值较大时，检测中激励磁场和感应涡流磁场的强度较强，因而会使得环境磁场的强度相对减弱，有利于降低环境磁场的干扰。然而，较强的磁场容易使检测元件达到饱和状态，从而影响检测的精度，且激励信号幅值太大也会使激励线圈及检测元件的温度迅速升高，可能会烧毁器件，因而实际检测中应在保证检测系统器件安全稳定的前提下，采用幅值较大的脉冲信号作为激励信号。

为验证仿真结果的正确性，实验提取了不同幅值激励信号作用下宽为 1mm，深分别为 1mm、2mm 缺陷的差分检测信号，并求得了当缺陷深度由 1mm 增加到 2mm 时差分检测信号峰值的变化量。实验中激励信号的幅值分别为 6V、7V、8V、9V、10V。不同幅值激励信号作用下差分检测信号峰值变化量如图 6-20 所示。

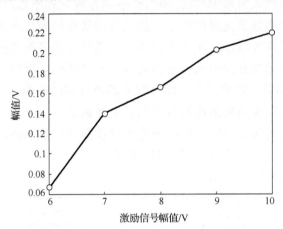

图 6-20　激励信号不同时差分检测信号的峰值变化量

从图 6-20 可以看出，随着激励信号幅值的增加，差分检测信号峰值变化量基本成线性增大，实验结果与仿真结果相一致。当缺陷深度由 1mm 增加到 2mm 时，不同幅值激励信号作用下差分检测信号峰值的相对变化量如表 6-5 所示。

表 6-5　差分检测信号峰值的相对变化量

| 信号幅值/V | 相对变化量/% |
| --- | --- |
| 6 | 7.43 |
| 7 | 7.36 |
| 8 | 7.44 |
| 9 | 7.38 |
| 10 | 7.42 |

由表 6-5 可知，当激励信号幅值变化时，各差分检测信号峰值的相对变化量差别并不大，从而验证了上述仿真结果。

通过上述研究可知，在采用脉冲涡流技术检测时，为使环境磁场的干扰相对减弱，应使激励信号的幅值尽可能大些。然而，当激励信号幅值为 10V 时，在激励信号作用一段时间后，圆台状激励线圈的温度会明显升高，因而为保护脉冲涡流检测系统器件并确保其检测性能，实验中不再采用更大幅值的激励信号。

## 6.6　提离变化对检测的影响

脉冲涡流传感器与被测试件之间的距离称为"提离"，检测中因传感器与被测试件间提离值变化而影响检测信号特征的现象称为提离效应。在采用脉冲涡流技术检测时，由于某些人为原因（如检测时传感器位置放置不当）或因被测试件表面情况的影响，通常会导致提离的产生。虽然脉冲涡流检测技术采用具有很宽频谱的脉冲或方波信号作为激励，比常规涡流检测能获取更多的缺陷信息，然而这些复杂和多样的信息使得脉冲涡流传感器对提离非常敏感，检测信号特征易受提离效应的影响[8-9]。因此，研究提离变化对脉冲涡流检测的影响，对提高脉冲涡流系统的检测性能及获取高精度的检测数据具有重要意义。

实验对不同提离条件下铝试件的缺陷检测模型进行了求解，计算中激励信号的幅值为 10V，时间常数为 0.1，缺陷的宽度和深度均为 1mm，不同提离条件下缺陷的差分检测信号如图 6-21 所示。

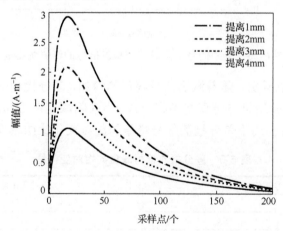

图 6-21　提离值不同时缺陷差分检测信号

由图 6-21 可知，随着提离值的增加，脉冲涡流差分检测信号的峰值不断减小。这是由于提离值增加时，激励线圈与被测试件间距离增大，因而感应涡流磁场对激励磁场的阻碍作用会减弱，使得线圈顶部与底部检测信号上升速度均会增加，由于线圈底部距试件近，受感应涡流影响大，因而当提离值增大时线圈底部检测信号上升速度的增加量会大于顶部信号，进而使得差分检测信号的峰值减小。当提离值不同时，缺陷差分检测信号的峰值如图 6-22 所示。

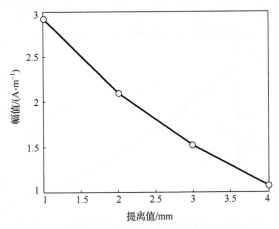

图 6-22　提离值不同时差分检测信号峰值曲线

由图 6-22 可知，随着提离值的增加，缺陷的差分检测峰值基本成线性减小。由此可知，随着激励线圈距离被测试件的增加，相同激励作用下导体内感应涡流的强度也基本成线性减小。

为验证上述分析结果，实验提取了提离值不同时铝试件中宽为 0.8mm 深为 4mm 缺陷的差分检测信号，如图 6-23 所示。

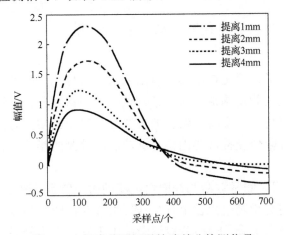

图 6-23　提离值不同时缺陷差分检测信号

图 6-23 表明，差分检测信号的峰值随着提离值的增加不断减小，实验结果与仿真结果一致。此外，当缺陷尺寸变化量一定时，随着提离值的增大，差分检测

信号峰值的相对变化量会减小，即圆台状差分传感器的缺陷检测能力会随着提离的增大而降低，因而在工程检测中应尽可能地减小提离，以提高脉冲涡流系统的缺陷检测性能。当提离值不同时，实验提取的缺陷差分检测信号峰值如图 6-24 所示。

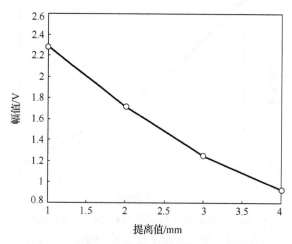

图 6-24　提离值不同时差分检测信号峰值曲线

由图 6-24 可以看出，随着提离值的增加，实验提取的差分检测信号的峰值成线性规律较小，实验结果与仿真结果相一致，从而验证了提离变化对检测信号峰值特征影响的规律。

# 6.7　本 章 小 结

本章首先介绍了采用 COMSOL 有限元仿真软件完成脉冲涡流缺陷检测模型材料属性设置、激励载荷施加、边界条件设置、网格划分、求解及后处理的方法和过程，而后采用仿真与实验相结合的方法分别对激励线圈时间常数、被测试件电导率、激励信号幅值及提离等因素对脉冲涡流检测的影响进行了研究，具体内容如下。

（1）分析了不同时间常数激励线圈内电流的时频特征，通过分析发现，当激励线圈时间常数不同时激励电流在上升（下降）阶段存在较大的差别，随着时间常数的增大，激励电流在上升（下降）阶段逐渐趋于平缓，当信号稳定时，各激励电流幅值相等；不同激励电流的频谱也存在较大的差别，随着时间常数的增大，信号频谱中低频成分的幅值也会逐渐增大。随后研究了缺陷检测信号时域和频域特征随时间常数变化的规律，研究结果表明，当激励线圈时间常数较大时，脉冲涡流检测系统的缺陷检测能力较强，且差分检测信号频谱的对应频率受缺陷深度变化影响较小，便于分析检测信号频域特征受缺陷参数影响的规律。因而，在工程检测中可通过适当增大激励线圈的时间常数提高脉冲涡流检测系统的性能。

(2) 研究了试件电导率对圆台状差分传感器缺陷检测信号特征的影响规律，分析了电导率不同时，激励线圈顶部与底部检测信号的特征，通过分析可知，随着电导率的增加，检测信号在上升阶段上升的速度会降低。随后研究了不同电导率试件的差分检测信号特征，结果表明试件的电导率会对脉冲涡流差分检测信号峰值特征产生一定的影响，差分检测信号包含缺陷信息的同时也包含了一定的被测试件电导率信息。最后分析了缺陷深度不同时，不同电导率试件差分检测信号峰值的相对变化量，通过分析可知，当被测试件为铝时，圆台状差分传感器的缺陷检测能力最强，当试件电导率小于(大于)铝试件电导率时，随着试件电导率与铝试件电导率差值的增大，传感器的缺陷检测能力会逐渐降低，因而可采用该圆台状传感器检测铝及电导率与其相差较小的材料，而当材料电导率与铝相差较大时，需对传感器的结构进行调整以提高其缺陷检测能力。

(3) 分析了不同幅值激励信号作用下同一缺陷的差分检测信号特征，可知随着激励信号幅值的增大，差分检测信号的峰值也逐渐增加。而后研究了缺陷深度变化相同时，不同幅值激励信号作用下差分检测信号峰值的变化量，通过分析可知，随着激励信号幅值的增大，差分检测信号峰值的变化量增大，但差分检测信号峰值的相对变化量却保持不变。由此可知，脉冲涡流检测系统对缺陷尺寸变化的灵敏度并不受激励信号幅值变化的影响，然而当激励信号幅值较大时，会使得环境磁场的强度相对减弱，有利于降低环境磁场的干扰，但实际采用脉冲涡流技术检测时，较强的磁场容易使检测元件达到饱和状态，从而影响检测的精度，且激励信号幅值太大也会使激励线圈及检测元件的温度迅速升高，可能会烧毁器件，因而实际检测中应在保证检测系统各器件安全稳定的前提下，采用幅值较大的脉冲信号作为激励信号。

(4) 提取了不同提离条件下的缺陷差分检测信号，研究了提离变化对差分检测信号特征的影响规律。研究结果表明，随着提离值的增大，脉冲涡流差分检测信号的峰值不断减小；且当缺陷尺寸变化量一定时，随着提离值的增大，差分检测信号峰值的相对变化量会减小，圆台状差分传感器的缺陷检测性能会降低，因而在工程检测中应尽可能地减小提离，以提高脉冲涡流检测系统的性能。

综合上述研究可知，通过对激励线圈时间常数、被测试件电导率、激励信号幅值及提离等因素进行分析，可为在实际检测中提高脉冲涡流检测系统的性能提供理论指导。

# 参 考 文 献

[1] 徐志远. 带包覆层管道壁厚减薄脉冲涡流检测理论与方法[D]. 武汉: 华中科技大学, 2012.

[2] 马慧. COMSOL Multiphysics 基本操作指南和常见问题[M]. 北京: 人民交通出版社, 2009.

[3] Kovacs G, Kuczmann M. Nonlinear finite element simulation of a magnetic flux leakage tester[J]. Pollack Periodica, 2008, 3 (1):81-90.

[4] Al-Naemi F I, Hall J P, Moses A J. FEM modeling techniques of magnetic flux leakage-type NDT for ferromagnetic plate inspections[J]. Journal of Magnetism and Magnetic Materials, 2006, 304 (3):790-793.

[5] Shin Y, Choi D, Kim Y, et al. Signal characteristics of differential pulsed eddy current sensors in the evaluation of plate thickness[J]. NDT&E International, 2009, 42 (3): 215-221.

[6] Adewale I D, Tian G Y. Decoupling the influence of permeability and conductivity in pulsed eddy current measurements[J]. IEEE Transactions on Magnetics, 2013, 49 (3): 1119-1127.

[7] Xie S J, Chen Z M, Takagi T, et al. Efficient numerical solver for simulation of pulsed eddy current testing signals[J]. IEEE Transactions on Magnetics, 2011, 47 (11): 4582- 4591.

[8] 吴少文, 付跃文. 脉冲涡流检测提离效应的抑制方法[J]. 无损检测, 2014, 36 (4): 45-48.

[9] Yu Y T, Yan Y, Wang F, et al. An approach to reduce lift-off noise in pulsed eddy current nondestructive technology[J]. NDT&E International, 2014, 63:1-6.

# 第 7 章　脉冲涡流缺陷检测信号的解析计算

## 7.1　概　　述

在对脉冲涡流检测技术研究时，准确求得缺陷的检测信号不仅是重构缺陷轮廓的基础，同时也可为评估缺陷提供理论依据。目前，常用的脉冲涡流检测信号求解方法主要有数值法和解析法。国内外学者已采用上述方法对脉冲涡流检测信号的求解计算进行了大量研究，文献[1]和文献[2]采用有限元法分别建立了腐蚀缺陷和疲劳裂纹缺陷的脉冲涡流检测模型，求解得到了缺陷的检测信号；文献[3]和文献[4]根据傅里叶变换原理将激励信号分解为不同频率的谐波，而后通过综合各谐波单独作用下的检测结果得到了不同厚度试件检测信号的解析解。

然而，上述研究主要是针对传统圆柱形差分传感器检测信号的求解问题展开的，而本书在对缺陷检测时采用的是圆台状脉冲涡流差分传感器，虽然第 4 章根据电磁波反射与透射理论建立了该差分传感器的磁场解析模型，然而，当被测试件中存在缺陷时，电磁波反射与透射现象会受缺陷的影响，因而该模型并不适用于求解缺陷检测信号。在求解圆台状差分传感器缺陷检测信号时，由于被测缺陷为规则的矩形缺陷，因而非常适合采用解析法进行求解，鉴于此，本章在分析缺陷检测信号时频特征的基础上，采用解析法对圆台状差分传感器缺陷检测信号进行求解，介绍一种脉冲涡流缺陷差分检测信号的解析计算方法，该方法首先分析差分检测信号谐波系数随缺陷尺寸变化的规律，而后求得任意缺陷差分检测信号傅里叶变换系数的通用表达式，最后经傅里叶逆变换得到任意缺陷的时域差分检测信号。本章所介绍内容不仅能为圆台状脉冲涡流差分传感器提供一种缺陷检测信号的快速计算方法，同时也可为建立缺陷检测信号的数据样本库，实现缺陷轮廓重构奠定基础。

## 7.2　缺陷检测信号特征分析

### 7.2.1　检测信号时域分析

由于通过对有限元模型进行求解，可准确得到被测试件中不同部位感应涡流的分布情况,因而为研究脉冲涡流缺陷检测信号时域特征随缺陷参数变化的规律,并分析缺陷对脉冲涡流检测信号特征影响的机理,首先采用脉冲涡流检测的有限元模型对缺陷检测信号特征进行分析,计算中激励电压信号幅值为 10V,激励线圈时间常数为 0.1,电阻 $R$ 为 1Ω,被测试件为铝,缺陷宽度和深度分别如表 7-1 所示,为便于表述,将缺陷依次编号为 1~7。

表 7-1　缺陷编号及尺寸

| 编号 | 1 | 2 | 3 | 4 | 5 | 6 | 7 |
|---|---|---|---|---|---|---|---|
| 宽度/mm | 1 | 1 | 1 | 1 | 2 | 3 | 4 |
| 深度/mm | 1 | 2 | 3 | 4 | 4 | 4 | 4 |

　　首先求得 1~4 号缺陷的检测信号,以研究检测信号特征随缺陷深度变化的规律。当缺陷深度不同时,圆台状差分传感器顶部与底部检测信号分别如图 7-1 所示。

　　由图 7-1 可知,当被测试件缺陷深度不同时,圆台状差分传感器顶部各检测信号在上升阶段基本相同,而其底部各检测信号在上升阶段却存在一定的差异,且随着缺陷深度的增加,传感器底部检测信号上升的速度逐渐增大。这是因为当被测缺陷的深度不同时,试件中感应涡流的流动受缺陷的阻碍作用也不同,感应涡流在缺陷附近流动分布示意图如图 7-2 所示。当深度不同时,缺陷底部感应涡流变化曲线如图 7-3 所示。

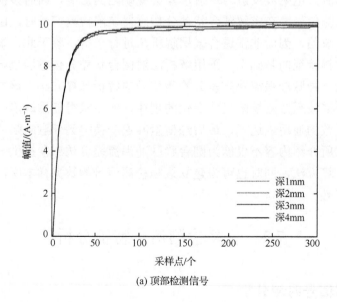

(a) 顶部检测信号

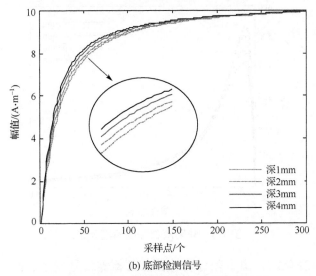

(b) 底部检测信号

图 7-1　不同深度缺陷的检测信号（见彩图）

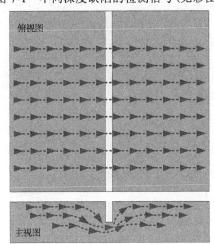

图 7-2　感应涡流流动分布示意图

　　通过分析可知，随着缺陷深度的增加，其底部感应涡流变化曲线的峰值逐渐降低。由此表明随着缺陷深度的增加，缺陷对感应涡流的阻碍作用会增强，此时试件中感应涡流的强度会减弱，从而导致感应涡流磁场也会变弱，由于传感器检测的是激励磁场和感应涡流磁场二者的叠加磁场，且感应涡流磁场对激励磁场起阻碍作用，因而当感应涡流磁场变弱时，叠加磁场的强度会增强，使得检测信号的上升速度也会增加。因此随着缺陷深度的增加，传感器底部检测信号上升的速度会逐渐增大。但由于激励线圈顶部距被测试件较远，受感应涡流磁场影响较小，因而当缺陷深度变化时其检测信号上升速度的变化并不明显。

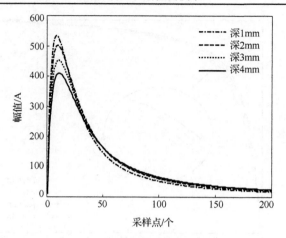

图 7-3　缺陷底部感应涡流分布

　　当缺陷深度变化时，由于差分传感器底部检测信号发生了改变，因而此时得到的差分信号特征必然也会发生变化。当缺陷深度不同时，各缺陷的差分检测信号如图 7-4 所示。

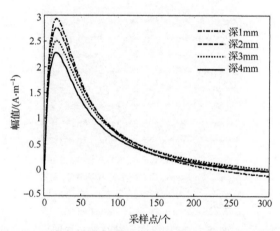

图 7-4　不同深度缺陷的差分检测信号

　　从图 7-4 可以看出，随着缺陷深度的增加，差分检测信号峰值逐渐减小。这是因为随着缺陷深度的增加，差分传感器底部检测信号的上升速度逐渐增大，而顶部检测信号基本不变，因此，由顶部信号减去底部信号得到的差分检测信号的峰值会减小。

　　为研究检测信号特征随缺陷宽度变化的规律，实验求得了 4～7 号缺陷的检测信号。当缺陷深度为 4mm，宽度不同时，圆台状差分传感器顶部与底部检测信号分别如图 7-5 所示。

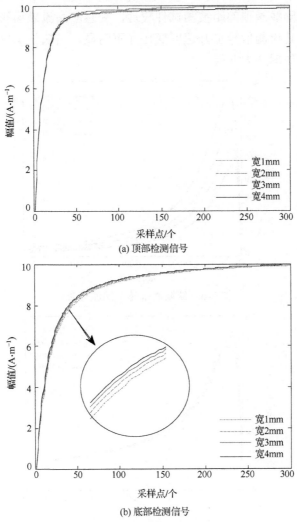

(a) 顶部检测信号

(b) 底部检测信号

图 7-5　不同宽度缺陷的检测信号（见彩图）

从图 7-5 可以看出，当被测缺陷宽度变化时，圆台状差分传感器顶部各检测信号在上升阶段基本相同，而其底部各检测信号在上升阶段则存在一定的差异，且随着缺陷宽度的增加，底部检测信号上升的速度逐渐增大。为进一步分析缺陷宽度变化对检测信号特征影响的机理，实验求得了缺陷宽度不同时其底部感应涡流的变化曲线，如图 7-6 所示。

由图 7-6 可以看出，随着缺陷宽度的增加，其底部感应涡流变化曲线的峰值会逐渐降低。由此可知当缺陷的宽度增加时，缺陷对感应涡流的阻碍作用也会增强，从而使得感应涡流磁场对激励磁场的阻碍作用减弱，导致二者叠加磁场的变化速度增加，因而随着缺陷宽度的增加，传感器底部检测信号的上升速度也会增大；同样由于激励线圈顶部距被测试件较远，受感应涡流磁场影响较小，因而当缺陷宽度变化时其检测信号上升速度变化并不明显。当缺陷宽度不同时，各缺陷的差分检测信号如图 7-7 所示。

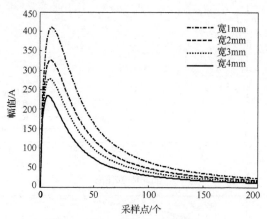

图 7-6　缺陷底部感应涡流分布

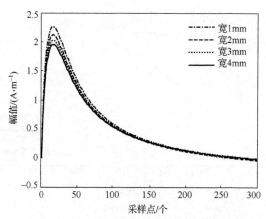

图 7-7　不同宽度缺陷的差分检测信号

从图 7-7 可以看出，随着缺陷宽度的增加，差分检测信号的峰值逐渐减小。由前述分析可知，当缺陷宽度增加时，差分传感器底部检测信号的上升速度逐渐增大，而顶部检测信号上升速度基本不变，因而差分检测信号的峰值会随着缺陷宽度的增加而较小。

上述对圆台状脉冲涡流差分传感器检测信号随缺陷尺寸变化的规律进行了研究，分析了不同缺陷检测信号的特征，阐述了缺陷对检测信号特征影响的机理，为缺陷检测信号的求解计算奠定了坚实的理论基础。在脉冲涡流检测中，缺陷检测信号包含了丰富的频域信息，因而为准确计算不同缺陷的差分检测信号，下面将从频域对缺陷检测信号展开分析。

## 7.2.2　检测信号频域分析

实际检测中脉冲涡流无损检测技术的激励信号为方波信号，根据傅里叶变换原理，一个方波信号可展开为不同频率谐波成分的组合，而各频率谐波信号的渗透深度会受趋肤效应的影响，由前述研究可知，单频涡流趋肤深度可表示为

$$\delta = \frac{1}{\sqrt{\pi \mu \sigma f}} \tag{7-1}$$

式中，$\delta$ 为渗透深度；$\sigma$ 和 $\mu$ 分别为被测试件的电导率和磁导率；$f$ 为信号频率。

从趋肤深度的表达式可以看出，随着谐波信号频率的增大，感应涡流渗透深度将逐渐减小。由于激励信号中高频成分渗透深度较小，因而当被测试件表面存在缺陷时，检测信号高频成分特征必然会受到影响；同时，由于低频成分渗透深度较大，涡流的分布形式必然会由于受缺陷的影响而发生变化，因而检测信号中低频成分的特征也会受缺陷的影响，因此，脉冲涡流检测信号频域特征中包含了丰富的被测缺陷信息。

为研究缺陷差分检测信号的频域特征，采用脉冲涡流实验检测系统提取了不同缺陷的差分检测信号。实验中激励方波信号电压为 10V，频率为 50Hz，占空比为 0.5，圆台状差分传感器的提离高度为 1mm。在无损检测中，通常将含有标准缺陷并可作为参考标准的试件称为标准试件[5]。对标准试件进行检测可为分析检测信号频域特征提供准确数据，因而，为准确提取不同缺陷的检测信号，并分析缺陷检测信号特征，实验制作了含有不同尺寸人工缺陷的标准试件，标准试件示意图如图 7-8 所示。试件材质为铝，试件的长度为 250mm，宽度为 100mm，厚度为 10mm，缺陷位于试件的上表面，其长度均为 100mm，其宽度和深度与表 7-1 所示缺陷参数一致。

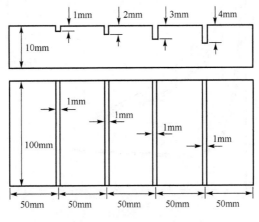

(a) 深度不同宽度相同的标准试件

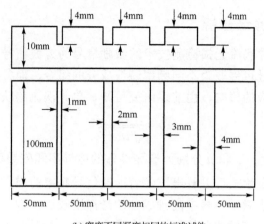

(b) 宽度不同深度相同的标准试件

图 7-8　标准试件示意图

　　为分析缺陷检测信号的频域特征，对各缺陷差分检测信号进行傅里叶展开，傅里叶展开后各谐波实部系数与虚部系数如图 7-9 所示。

　　从图 7-9 可知，随着频率的增加，缺陷检测信号各谐波实部系数先迅速减小而后逐渐缓慢增大，而虚部系数则随着频率的增加逐渐减小。

　　为进一步研究各谐波系数随缺陷尺寸变化的规律，分析缺陷对检测信号频域特征的影响，实验提取了试件中无缺陷部位的差分检测信号，并将各缺陷检测信号谐波系数与无缺陷时检测信号的谐波系数做差分处理，求得各缺陷检测信号谐波的差分系数。差分处理后不同缺陷差分检测信号的谐波系数曲线如图 7-10 所示。

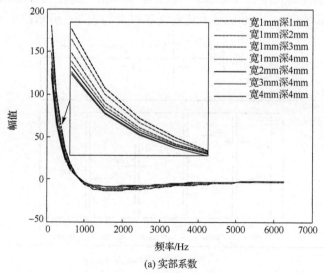

(a) 实部系数

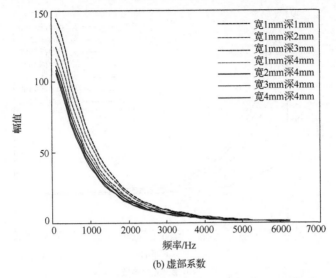

(b) 虚部系数

图 7-9　不同缺陷检测信号谐波实部与虚部系数（见彩图）

　　由图 7-10(a) 可知，随着缺陷深度与宽度的增加，缺陷检测信号同一频率谐波实部差分系数的模值逐渐增大，由此表明，随着缺陷尺寸的增加，缺陷对检测信号各频率谐波实部系数的影响会逐渐增大。由前述检测信号时域分析部分可知，随着缺陷深度及宽度的增加，缺陷对感应涡流的阻碍作用会逐渐增强，进而会使缺陷检测信号与无缺陷时检测信号的差别增大，因而此时缺陷检测信号与无缺陷时检测信号各频率谐波系数也会存在较大的差别。此外，从图 7-10(a) 中还可以

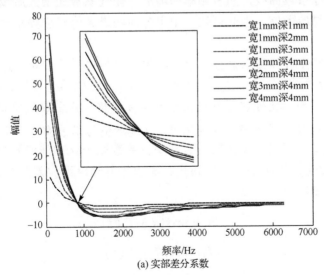

(a) 实部差分系数

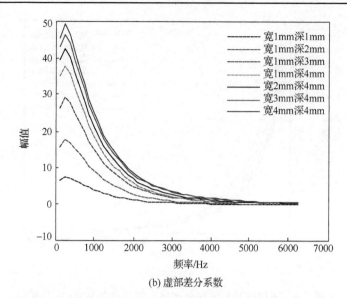

(b) 虚部差分系数

图 7-10　不同缺陷检测信号谐波实部与虚部差分系数(见彩图)

看出，各差分系数曲线在过零点处相交于一点，经求解计算，该过零点对应频率为 800Hz，且计算求得差分处理前各缺陷检测信号对应该频率的谐波实部系数也均为零，由此表明，当缺陷检测信号谐波的频率为 800Hz 时，谐波对应的相位为 $\pi/2$，因而此时各缺陷检测信号实部系数为零。由图 7-10(b)可知，随着缺陷深度与宽度的增加，缺陷检测信号同一频率谐波虚部差分系数的模值也逐渐增大；对于各虚部差分系数曲线，随着频率的增加，差分系数先增大后减小，且各曲线在同一频率取得最大值，由此可知，图中各曲线最大值对应频率并不受缺陷尺寸的影响。

　　为更进一步分析各频率谐波系数曲线的变化趋势，分别对上述不同缺陷检测信号谐波差分系数的实部 $R_n$ 与虚部 $I_n$ 作归一化处理，即 $R'_n = R_n/\max(R_n)$，$I'_n = I_n/\max(I_n)$，归一化处理后各缺陷检测信号谐波差分系数曲线如图 7-11 所示。

　　由图 7-11 可知，当缺陷尺寸变化时，其检测信号谐波实部与虚部差分系数的归一化曲线均基本相同，设实部与虚部差分系数归一化曲线函数分别为 $T_R(f)$、$T_I(f)$；则由前述理论可知，不同缺陷检测信号各频率谐波差分系数的实部 $R_n$ 与虚部 $I_n$ 可分别表示为

$$R_n = \max(R_n) \cdot T_R(f) \tag{7-2}$$

$$I_n = \max(I_n) \cdot T_I(f) \tag{7-3}$$

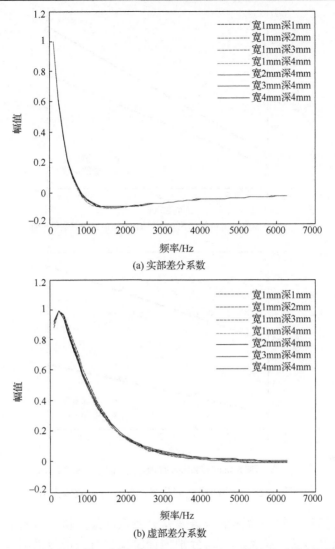

(a) 实部差分系数

(b) 虚部差分系数

图 7-11　不同缺陷检测信号谐波实部与虚部归一化差分系数（见彩图）

　　由上式可知，当缺陷检测信号谐波实部与虚部差分系数的最大值已知时，即可求得各频率谐波的差分系数，进而可求得缺陷检测信号的傅里叶变换系数，最后经傅里叶逆变换即可得到缺陷的时域检测信号。

　　当缺陷尺寸变化时，其检测信号谐波实部与虚部差分系数的最大值如图 7-12所示。图中直线为采用最小二乘法对各点进行拟合得到的拟合直线。

　　由图 7-12 可知，随着缺陷深度的增加，缺陷检测信号谐波实部与虚部差分系数的最大值基本成线性增大；同样，随着缺陷宽度的增加，谐波实部与虚部差分系数的最大值也成线性增大。

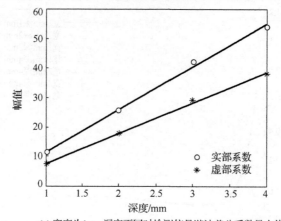

(a) 宽度为1mm深度不同时检测信号谐波差分系数最大值

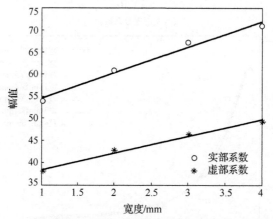

(b) 深度为4mm宽度不同时检测信号谐波差分系数最大值

图 7-12　不同缺陷检测信号谐波差分系数最大值

　　为求得任意尺寸缺陷检测信号谐波差分系数的最大值，对图中各点采用最小二乘法进行线性拟合，设 $K_{R1}$、$K_{I1}$ 分别为深度变化时实部与虚部最大值拟合直线斜率，$K_{R2}$、$K_{I2}$ 分别为宽度变化时实部与虚部最大值拟合直线斜率，则此时任意尺寸缺陷检测信号谐波实部与虚部差分系数的最大值可分别表示为

$$R_{\max} = K_{R1}h' + K_{R2}l' + \alpha \tag{7-4}$$

$$I_{\max} = K_{I1}h' + K_{I2}l' + \beta \tag{7-5}$$

式中，$h'$ 和 $l'$ 分别为缺陷的深度和宽度；$\alpha$ 和 $\beta$ 为调节因子。

　　由前述分析可知，将式(7-4)和式(7-5)分别代入式(7-2)和式(7-3)即可求得缺陷检测信号各频率谐波的差分系数，而后将该差分系数与无缺陷时检测信号谐波系数做差分处理可得到缺陷检测信号的傅里叶变换系数，最后经傅里叶逆变换即可求得任意缺陷的时域差分检测信号。

## 7.3　缺陷检测信号的解析计算

由前述研究可知，当采用圆台状脉冲涡流差分传感器进行检测时，只需得到试件中无缺陷部位的差分检测信号，而后根据缺陷差分检测信号谐波系数随缺陷尺寸变化的规律即可求得任意缺陷的差分检测信号。下面以宽度为 0.8mm 深度为 4mm 缺陷的差分检测信号求解计算为例，对圆台状脉冲涡流差分传感器缺陷检测信号的解析计算过程展开描述。

首先提取试件中无缺陷区域的脉冲涡流差分检测信号，而后将该差分检测信号进行傅里叶展开，求得各频率谐波实部系数与虚部系数，设无缺陷时差分检测信号的傅里叶变换为

$$H(\omega) = R(\omega) + jI(\omega) \tag{7-6}$$

式中，$R(\omega)$ 和 $I(\omega)$ 分别为傅里叶变换后各谐波实部与虚部系数，j 为虚数单位。经求解无缺陷区域差分检测信号各频率谐波实部与虚部系数如图 7-13 所示。

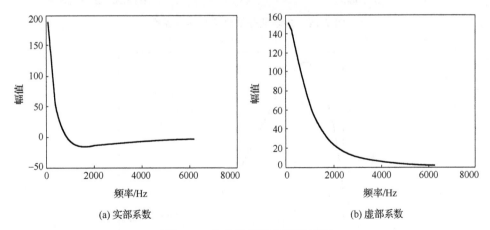

(a) 实部系数　　　　　　　　　　　　　(b) 虚部系数

图 7-13　差分检测信号谐波系数

此时任意缺陷差分检测信号的傅里叶变换可表示为

$$H'(\omega) = [R(\omega) - (K_{R1}h' + K_{R2}l' + \alpha) \cdot T_R(f)] + j[I(\omega) - (K_{I1}h' + K_{I2}l' + \beta) \cdot T_I(f)] \tag{7-7}$$

式中，$R(\omega)$、$I(\omega)$ 分别为无缺陷时差分检测信号实部与虚部傅里叶变换系数；$K_{R1}$、$K_{I1}$ 分别为深度变化时缺陷检测信号谐波差分系数实部与虚部最大值拟合直

线斜率；$K_{R2}$、$K_{I2}$分别为宽度变化时缺陷检测信号谐波差分系数实部与虚部最大值拟合直线斜率；$T_R(f)$、$T_I(f)$分别为检测信号实部与虚部差分系数归一化曲线函数；$h'$和$l'$分别为缺陷的深度和宽度；$\alpha$和$\beta$为调节因子。

此时，将$l'=0.8$、$h'=4$代入式(7-7)即可得到宽度为 0.8mm 深度为 4mm 缺陷差分检测信号各频率谐波的实部与虚部系数，如图 7-14 所示。

最后经傅里叶逆变换即可得到缺陷的时域差分检测信号。经求解得到的缺陷差分检测信号如图 7-15 所示。

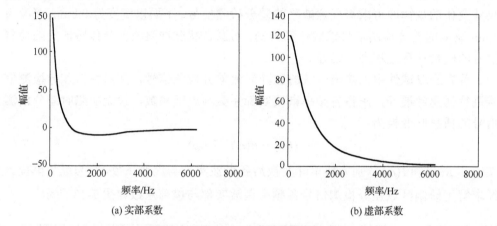

(a) 实部系数　　　　　　　　　(b) 虚部系数

图 7-14　缺陷差分检测信号谐波系数

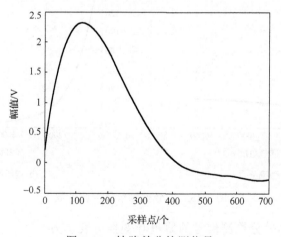

图 7-15　缺陷差分检测信号

综上所述，本章所提出的脉冲涡流缺陷检测信号解析计算方法的具体实现步骤如下。

(1)提取试件中无缺陷部位及不同缺陷的差分检测信号并对其进行傅里叶变

换，而后求得不同缺陷检测信号各频率谐波差分系数。

(2)对采集的缺陷检测信号谐波差分系数的实部 $R_n$ 与虚部 $I_n$ 分别作归一化处理，并用归一化曲线函数表示缺陷检测信号的谐波差分系数。

(3)求取任意缺陷检测信号实部与虚部谐波差分系数的最大值。

(4)将步骤(3)中得到的实部与虚部差分系数最大值代入步骤(2)求得任意缺陷检测信号谐波差分系数的通解。

(5)求解任意缺陷检测信号的傅里叶变换系数 $H'(\omega)$。

(6)经傅里叶逆变换求得缺陷的时域检测信号。

由以上步骤可知，当求得式(7-7)后，只需将缺陷的宽度与深度值代入该式，而后经傅里叶逆变换即可得到任意缺陷的时域检测信号，因而所提出的缺陷检测信号求解方法具有较快的计算速度。

## 7.4　实　验　验　证

为验证所提脉冲涡流缺陷检测信号解析计算方法的有效性，以宽度为 0.8mm 深度为 4mm 的缺陷为研究对象，将本章所提方法计算得到的信号与实验测量信号进行对比，同时还采用文献[3]方法对缺陷信号进行了计算，实验测量信号与理论计算信号对比如图 7-16 所示。

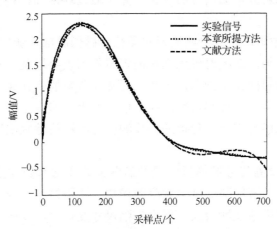

图 7-16　缺陷的实验与理论计算信号

由图 7-16 可知，实验测量信号与两种方法计算得到的理论信号基本吻合，且在信号后半部分，本章所提方法得到的信号与实验测量信号吻合的程度更高。然而，由于实验所用传感器的制作工艺及所用霍尔传感器体积等因素的影响，以及计算中的近似取值等原因使得实验测量信号与理论计算信号之间还存在一定的误差。在脉冲涡流检测中，差分信号的峰值特征能够有效地表征被测试件的缺陷信息，为分析各方法的计算误差，分别求得了理论计算信号与实验信号峰值的偏差，其结果如表 7-2 所示。

表 7-2　实验与理论信号峰值误差

| 方法 | 本章所提方法 | 文献[3]方法 |
| --- | --- | --- |
| 误差值/ V | 0.0270 | 0.0424 |

由表 7-2 可知，本章所提方法计算得到的信号与实验测量信号峰值的偏差较小，具有更高的计算精度。经计算此偏差与实验信号峰值的比值为 1.17%，该误差对实验检测结果的影响很小，在实际应用中可将该误差忽略，理论计算信号可以满足工程需要。

# 7.5　本章小结

本章首先研究了脉冲涡流检测信号时域特征随缺陷参数变化的规律，分析了缺陷对脉冲涡流检测信号特征影响的机理，而后采用傅里叶变换理论对不同缺陷的差分检测信号进行了计算，研究了缺陷检测信号谐波系数随缺陷尺寸变化的规律，得到了任意缺陷检测信号傅里叶变换系数的通用表达式，最后经傅里叶逆变换实现了缺陷时域差分检测信号的解析计算。通过理论分析和实验研究可以得到以下结论。

(1)被测试件中缺陷主要影响圆台状差分传感器底部检测信号的特征，随着缺陷深度及宽度的增加，缺陷对感应涡流的阻碍作用也会增强，从而使得感应涡流磁场对激励磁场的阻碍作用减弱，导致二者叠加磁场的变化速度增加，因而随着缺陷深度及宽度的增加，传感器底部检测信号的上升速度逐渐增大，而传感器顶部信号受缺陷变化影响较小，使得差分检测信号的峰值随缺陷深度及宽度的增加逐渐减小。

(2)缺陷差分检测信号经傅里叶展开后各谐波实部系数与虚部系数能够反映被测缺陷的信息，随着缺陷深度与宽度的增加，缺陷检测信号同一频率谐波实部与虚部差分系数的模值逐渐增大，但当缺陷尺寸变化时，缺陷差分检测信号谐波实部与虚部差分系数的归一化曲线却基本相同，即缺陷差分检测信号谐波实部与虚部差分系数的归一化曲线不受缺陷尺寸的影响。此外，随着缺陷宽度及深度的增加，缺陷检测信号谐波实部与虚部差分系数的最大值基本成线性增大。

(3)当试件无缺陷部位的差分检测信号已知时，根据缺陷检测信号谐波差分系数随缺陷尺寸变化的规律即可得到任意缺陷检测信号的傅里叶变换系数，而后仅需经傅里叶逆变换即可得到时域差分检测信号，因而，本章所提出的缺陷检测信号解析计算方法具有较快的计算速度，同时该解析计算也可为建立缺陷检测信号的数据样本库，实现缺陷的轮廓重构奠定基础。

## 参 考 文 献

[1] Ding K Q, Xin W. Simulation of frequency influence on detection of the inner corrosion for the pipeline[J]. International Journal of Applied Electromagnetics and Mechanics, 2010, 33:387-394.

[2] Yang B F, Zhang H, Kang Z B, et al. Investigation of pulsed eddy current probes for detection of defects in riveted structures[J]. Nondestructive Testing and Evaluation, 2013, 28(3):278-290.

[3] Xie S J, Chen Z M, Takagi T, et al. Efficient numerical solver for simulation of pulsed eddy current testing signals[J]. IEEE Transactions on Magnetics, 2011, 47(11): 4582-4591.

[4] Xie S J, Chen Z M, Takagi T, et al. Development of a very fast simulator for pulsed eddy current testing signals of local wall thinning[J]. NDT&E International, 2012, 51:45-50.

[5] 张斌强. 脉冲涡流检测系统的设计与研究[D]. 南京: 南京航空航天大学, 2009.

# 第8章 脉冲涡流缺陷二维轮廓重构

## 8.1 概　　述

脉冲涡流无损检测技术由于具有检测信号频率丰富、深层缺陷检测能力强等优点，因而其在部队装备缺陷检测领域具有广阔的应用前景。当采用该技术对装备机械结构缺陷进行检测时，准确地重构被测缺陷的轮廓可为评估装备剩余寿命、确保其安全运行提供可靠依据。

目前，缺陷轮廓重构的方法主要有优化法和神经网络法[1]。优化法具有较高的重构精度，然而在优化过程中需要反复迭代计算，因而该方法的计算量很大；神经网络由于具有非线性映射和自学习能力，计算速度快，已在脉冲涡流缺陷轮廓重构中得到了广泛应用。文献[2]和文献[3]采用神经网络建立了缺陷检测信号与缺陷二维轮廓对应的映射关系模型，对缺陷的轮廓进行了重构，并通过改进神经网络训练算法提高了缺陷轮廓重构的精度及速度。为进一步提高神经网络法对缺陷轮廓重构的精度，文献[4]采用改进粒子群算法对神经网络的参数进行了优化。

由以上研究可知，目前国内外学者主要是从精度与速度等方面对脉冲涡流缺陷轮廓重构展开研究的，然而，当检测条件(如提离、被测试件属性等)变化时，相同尺寸缺陷的检测信号特征会存在一定的差异，因而在对缺陷轮廓进行重构时，重构的精度必然会受检测条件变化的影响。

本章介绍基于不变函数的脉冲涡流缺陷二维轮廓重构方法。采用径向基神经网络构造用于重构缺陷轮廓的不变函数，建立由检测信号到缺陷二维轮廓一一对应的非线性映射关系模型，并通过对径向基神经网络结构及学习算法讨论，进一步提高网络重构的精度和泛化性能。

## 8.2 径向基函数神经网络

### 8.2.1 径向基函数神经网络模型

径向基函数(Radical Basis Function, RBF)是由 Powell 于 1985 年提出的一种多变量插值函数。随后，在 1988 年，Broomhead 和 Lowe 根据生物神经元局部响应的特点，将径向基函数应用于神经网络的设计，构造了径向基函数神经网络，即径向基神经网络。径向基神经网络是一种三层结构的局部逼近前向网络，从前至后依次为输入层、隐含层和输出层。其中，输入层只是传递输入信号，由信号源节点组成；隐含层包含多个节点，每个节点通常采用径向基函数作为激活函数，并使用距离函数(如欧氏距离)作为激活函数的自变量，在隐含层中，输入向量完成从低维到高维的转换，以在高维空间实现输入向量的线性分类；输出层节点一般使用简单的线性函数，实现隐含层到输出层的线性映射。图 8-1 所示为一个输入向量为 $m$ 维的径向基函数神经元模型。

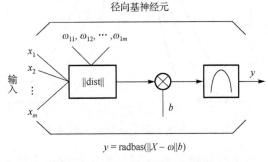

图 8-1　径向基神经元结构图

图中 $X = [x_1, x_2, \cdots, x_m]$ 为输入向量；$\boldsymbol{\omega} = [\omega_{11}, \omega_{12}, \cdots, \omega_{1m}]$ 为权值向量；$b$ 为阈值，用于调整神经元的灵敏度；$y$ 为神经元的输出，$\|\text{dist}\|$ 为输入向量与权值向量间的欧氏距离；radbas 为径向基函数，通常为高斯函数。

设图中所示神经元径向基函数为高斯函数：

$$y(n) = \text{radbas}(n) = e^{-n^2} \tag{8-1}$$

式中，$n$ 为高斯函数自变量。

当把输入向量和权值向量间距离与阈值 $b$ 的乘积作为径向基函数的输入时，该神经元输出的数学表达式为

$$y = e^{-(\|X-\boldsymbol{\omega}\|b)^2} \tag{8-2}$$

由式(8-2)可知，随着输入向量和权值向量间距离的减小，径向基函数的输出值逐渐增大；当输入向量和权值向量相同时，函数的输入为 0，此时函数的输出为最大值 1。

在实际应用中，通常取 $b = \sqrt{\ln 2}/C$，将其代入式(8-2)可得

$$y = e^{-\left(\frac{\ln 2 \cdot \|X-\boldsymbol{\omega}\|^2}{C^2}\right)} \tag{8-3}$$

式中，$C$ 为可以自由选择的参数。当 $\|X - \omega\| = C$ 时，$y = \mathrm{e}^{-\ln 2} = 0.5$。

对于二维高斯径向基函数 $\phi(x) = \mathrm{e}^{\frac{(x-c)^2}{\delta^2}}$，当 $c$ 为 0 而 $\delta$ 取不同值时函数的输出曲线示意图如图 8-2 所示。

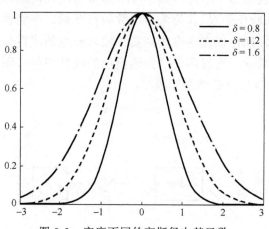

图 8-2　宽度不同的高斯径向基函数

由图 8-2 可知，当函数的输入为 0 时，输出达到最大值为 1，且函数输出曲线关于 $x = 0$ 对称，输入值离 0 点越远，函数的输出值越小；此外还可以看出，通过调整 $\delta$ 的值，可调整函数曲线的形状。随着 $\delta$ 取值的减小，函数曲线的形状变窄，只有当输入值离函数中心较近时函数的输出才接近 1；当 $\delta$ 的取值增大时，函数曲线的形状变宽。

通过上述分析由式 (8-3) 可得，在 $m$ 维空间中，当输入向量与权值向量相差很大时，神经元的输出值趋近于 0，此时可以忽略该输入样本向量对下一层线性神经元输出的影响；当输入样本向量与权值向量相差较小时，神经元的输出值趋近于 1，从而激活下一次线性神经元的输出权值，即径向基函数关于 $m$ 维空间的一个中心点具有径向对称性，且神经元的输入离该中心点越近，神经元的激活程度越高。此外，由以上分析还可知，当式 (8-3) 中参数 $C$ 取值较小时，只有输入样本向量和权值向量间距离较小时神经元的输出才接近 1，而对于其他情况的输入，径向基函数的响应并不敏感；随着参数 $C$ 取值的增大，径向基函数的响应范围也逐渐增大，即参数 $C$ 可调整神经元的灵敏度。

除高斯函数外，常用的径向基函数还有如下几种。

(1) 反演 S 型 (Reflected Sigmoidal) 函数。

$$\varphi(r) = \frac{1}{1 + \mathrm{e}^{r^2/\delta^2}} \tag{8-4}$$

(2) 柯西 (Cauchy) 函数。

$$\varphi(r) = \frac{1}{1 + \dfrac{r^2}{\delta^2}} \tag{8-5}$$

(3) 拟多二次 (Inverse Multiquadrics) 函数。

$$\varphi(r) = \frac{1}{\left(1 + \dfrac{r^2}{\delta^2}\right)^{1/2}} \tag{8-6}$$

式中，$\delta$ 为宽度参数，它决定了径向基函数曲线的宽度。

由输入层、隐含层和输出层构成的径向基函数网络结构如图 8-3 所示，网络的输入节点数为 $m$，隐层节点数为 $k$，输出节点数为 $n$。

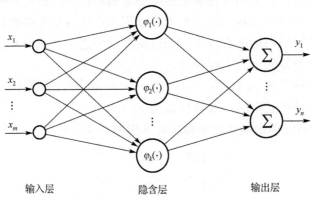

图 8-3　RBF 神经网络结构

输入层主要是将输入样本传递给隐含层。在输入样本向量之前，通常首先要对样本向量作标准化处理，如归一化等，以使得输入向量值处于同一数量级。设输入样本向量为 $\boldsymbol{X} = [x_1, x_2, \cdots, x_m]$，第 $j$ 个基函数的中心为 $\boldsymbol{c}_j$，则当样本向量传递至隐含层时，第 $j$ 个神经元的输出可表示为

$$\varphi_j(\boldsymbol{X}) = \mathrm{e}^{\left(\frac{\|\boldsymbol{X} - \boldsymbol{c}_j\|^2}{\delta^2}\right)}, \quad j = 1, 2, \cdots, k \tag{8-7}$$

式中，$\delta$ 为径向基函数宽度调节参数。

最后，输出层将隐含层各神经元的输出按一定的权重进行线性求和。设隐含层第 $j$ 个神经元到输出层第 $h$ 个神经元的连接系数为 $v_{jh}(1 \leqslant j \leqslant k, 1 \leqslant h \leqslant n)$，则此时输出层第 $h$ 个神经元的输出可表示为

$$y_h = \sum_{j=1}^{k} v_{jh} \varphi_j(\boldsymbol{X}) \tag{8-8}$$

由径向基神经网络的数学表达式可以看出，该神经网络具有径向对称、光滑性好（任意阶导数均存在）、基函数简单解析性好等优点，且便于理论分析。此外，径向基神经元对输入向量的响应只在函数的中心点附近产生较大的输出，即网络具有较好的局部逼近能力，所以径向基神经网络又称为局部感知网络。目前已证明，径向基神经网络能够以任意精度逼近任一连续函数[5]。

## 8.2.2　隐含层神经元数量的确定

径向基神经网络隐含层神经元的数量对网络的复杂度及泛化能力具有重要影响，在构建网络时，隐含层神经元的数量应根据需要解决的问题来确定。当隐含层神经元太多时，网络的结构复杂，容易产生过度拟合的问题，因而，在确定隐含层神经元个数时，其原则是在满足精度要求的前提下，神经元个数越少越好，这样不仅能够减少网络成本，而且在拟合过程中还能减少不必要的振荡[6]。

为使设计的神经网络具有合理的隐层结构，采用主成分分析法（PCA）对隐含层应选择的最少神经元个数进行计算。

设训练样本集为 $X = [X_1, X_2, \cdots, X_N]$，$N$ 为样本总数，则采用主成分分析法求解网络隐层最少神经元个数的具体步骤如下[7]。

步骤 1：由训练样本集计算求得各样本间的相关矩阵为

$$P = \begin{bmatrix} p_{11} & p_{12} & \cdots & p_{1N} \\ p_{21} & p_{22} & \cdots & p_{2N} \\ \vdots & \vdots & & \vdots \\ p_{N1} & p_{N2} & \cdots & p_{NN} \end{bmatrix} \tag{8-9}$$

式中，$p_{ij} = e^{-\|x_i - x_j\|^2}$。

步骤 2：求取相关矩阵 $P$ 的特征值，并将特征值按降序排列，得特征值序列 $\lambda = (\lambda_1, \lambda_2, \cdots, \lambda_N)$，其中 $\lambda_1 \geq \lambda_2 \geq \cdots \geq \lambda_N$。此时，网络隐层最少节点数为

$$k = \min\left( r \left| \left( \sum_{i=1}^{r} \lambda_i \middle/ \sum_{i=1}^{N} \lambda_i \right) > \alpha, \, r = 1, \cdots, N \right. \right) \tag{8-10}$$

式中，$k$ 为网络隐层应选择的最少神经元个数；$\alpha$ 为阈值，其取值范围一般为[0.9, 0.99]。

## 8.2.3　径向基神经网络的学习算法

当隐含层神经元数量确定后，径向基神经网络还需通过学习确定各径向基函数的中心向量、宽度及隐含层到输出层的连接权值等参数。其学习过程一般分为

两步，第一步是确定径向基函数的中心向量和宽度参数；第二步是确定隐含层到输出层的连接权值。目前，径向基神经网络常用的学习算法包括聚类算法、梯度下降算法及正交最小二乘算法。

1）聚类算法

聚类算法是由 Moody 与 Darken 提出的经典的径向基神经网络学习算法，采用该算法进行学习是一个启发式的过程，其思路是先用无监督学习方法(如 K-均值算法)对输入样本向量进行聚类，求得各径向基函数的数据中心，然后根据中心之间的距离确定隐含层径向基函数的宽度，最后，采用有监督学习方法(如梯度法)求得隐含层到输出层的连接权值[8]。采用聚类算法进行学习的具体流程如图 8-4 所示。图中$\left\|\boldsymbol{x}_j - \boldsymbol{c}_j(k)\right\|$表示输入向量与中心向量的距离。

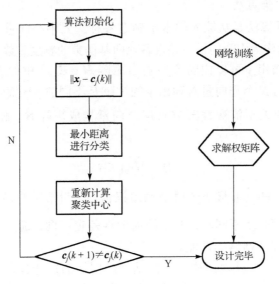

图 8-4　聚类算法技术路线

2）梯度下降算法

梯度下降算法是传统的径向基神经网络监督学习算法，该方法将负梯度方向作为参数优化搜索方向，通过最小化目标函数实现对隐含层神经元中心向量、宽度参数及输出连接权值的调节[9]。下面以单输出径向基神经网络为例简要介绍梯度下降算法的学习过程。

设网络学习的目标函数为

$$E = \frac{1}{2}\sum_{j=1}^{N}\left(y_j - \sum_{j=1}^{k}v_j\varphi_j(\boldsymbol{X}_j)\right)^2 \tag{8-11}$$

式中，$N$ 为初始训练样本数目；而后通过对目标函数最小化对隐层神经元中心向量、宽度参数及输出权值进行调节，其具体表达式为

$$c_j(n+1) = c_j(n) - \eta_c \frac{\partial E_n}{\partial c_j(n)} \tag{8-12}$$

$$\delta_j(n+1) = \delta_j(n) - \eta_\delta \frac{\partial E_n}{\partial \delta_j(n)} \tag{8-13}$$

$$v_j(n+1) = v_j(n) - \eta_w \frac{\partial E_n}{\partial v_j(n)} \tag{8-14}$$

式中，$j = 1, 2, \cdots, k$；$n$ 为迭代次数；$\eta_c$、$\eta_\delta$、$\eta_w$ 为学习步长。

3）正交最小二乘算法

正交最小二乘算法是从输入样本中确定各神经元中心向量的，该方法把所有输入样本向量依次作为中心向量，并将各径向基函数的宽度参数设置为同一值[10]。由于网络的目标输出 $y$ 可以由隐含层输出矩阵 $\boldsymbol{H} \in \mathbb{R}^{N \times N}$ 中的 $N$ 个列向量线性表示，且矩阵 $\boldsymbol{H}$ 中的 $N$ 个列向量对输出 $y$ 的贡献是不同的，因而可从 $N$ 个列向量中按对输出 $y$ 贡献的大小依次找出 $M \leq N$ 个向量构成矩阵 $\hat{\boldsymbol{H}} \in \mathbb{R}^{N \times M}$，直到满足误差要求。即

$$\left\| y - \hat{\boldsymbol{H}} v_0 \right\| < \varepsilon \tag{8-15}$$

式中，$v_0$ 为使 $\left\| y - \hat{\boldsymbol{H}} v_0 \right\|$ 取最小值时的输出权值，$\varepsilon$ 为给定的误差值。由式（8-15）可知，当构造的矩阵 $\hat{\boldsymbol{H}}$ 不同时，网络的逼近误差也不同，通过学习选取最优的矩阵 $\hat{\boldsymbol{H}}$，即可确定神经网络的性能。

综上所述，学习算法对所构造径向基神经网络的性能具有重要的影响，一个性能良好的网络往往与优良高效的学习算法息息相关。在上述方法中，聚类算法在求解过程中不仅使用了无监督学习也采用了有监督学习，具有较高的学习效率，且稳定性较好。鉴于此，为使构造的网络性能达到最优，本章所用径向基神经网络采用混合聚类算法进行学习，其具体步骤如下[11]。

首先采用无监督的自组织学习求解神经元的中心矢量，设网络每进行一次训练为一个学习时刻，网络的学习轮次为 $r$，每一轮次完成第 1 至第 $N$ 个样本的学习，即每一学习轮次需要 $N$ 个学习时刻。设第 $r$ 轮第 $s$ 个样本在第 $t$ 个学习时刻后网络隐层中心矢量矩阵为 $\boldsymbol{Q}(t)$，其中 $t = (r-1)N + s$，则 $t+1$ 个学习时刻后网络隐层的中心矢量为

$$Q_j(t+1) = \begin{cases} Q_j(t), & d(Q_j(t)-X(t+1)) \geqslant \gamma_j \\ \alpha Q_j(t) + \beta X(t+1), & d(Q_j(t)-X(t+1)) \leqslant \gamma_j \end{cases} \tag{8-16}$$

式中

$$\begin{cases} \alpha = V_j(t)/V_j(t+1) \\ \beta = 1/V_j(t+1) \end{cases} \tag{8-17}$$

式中，$j=1,2,\cdots,h$，$h$ 为隐层节点数；d 为求欧氏距离符号；$Q_j(t)$ 为网络隐层第 $j$ 个节点在 $t$ 学习时刻的中心矢量，$\gamma_j$ 为第 $j$ 个节点中心矢量的聚纳半径，$V_j(t)$ 为第 $j$ 个节点中心矢量聚纳的输入样本数。可知，当输入样本 $X(t+1)$ 与节点中心矢量的欧氏距离小于聚纳半径时，中心矢量 $Q_j(t)$ 会由于受输入样本的影响而发生改变。

当中心矢量确定后，宽度参数可取为中心矢量与其附近 $M$ 个样本距离的平均值，即

$$\lambda_i = \frac{1}{M} \sum_{s=1}^{M} \|U_s - T_i\| \tag{8-18}$$

式中，$\lambda_i$ 为第 $i$ 个神经元的宽度参数；$U_s$ 为与中心矢量距离最近的 $M$ 个样本向量，$s=1,2,\cdots,M$。

最后，采用监督学习算法求解网络的输出权矩阵，设第 $r$ 轮第 $s$ 个样本在 $t$ 学习时刻网络隐层对应的状态为 $H(r,s)$，网络的期望输出为 $y_d(r,s)$，实际输出为 $y(r,s)$，定义网络的能量函数 $E(r)$ 为

$$E(r) = \sum_{s=1}^{N} E(r,s) \tag{8-19}$$

式中

$$E(r,s) = \frac{1}{2} \sum_{k=1}^{n} (y_{dk}(r,s) - y_k(r,s))^2 \tag{8-20}$$

式中，$N$ 为样本总数；$n$ 为网络输出维数。

设第 $r$ 轮次学习后输出权矩阵为 $v(r)$，则第 $r+1$ 轮次学习后输出权矩阵 $v(r+1)$ 可表示为

$$v(r+1) = v(r) + \rho \frac{\partial E(r)}{\partial v(r)}, \quad \rho > 0 \tag{8-21}$$

式中

$$\frac{\partial E(r)}{\partial v_{jl}(r)} = \sum_{s=1}^{N} (y_{dl}(r,s) - y_l(r,s))\varphi_j(r,s) \qquad (8\text{-}22)$$

式中，$j = 1,2,\cdots,k$；$l = 1,2,\cdots,n$。

由上述混合学习算法的求解过程可知，式（8-21）是采用梯度下降算法对输出权矩阵进行求解的，然而梯度下降算法还存在易早熟的不足。由于梯度信息衰减系数可控制梯度信息在进化过程中的作用[7]，因而，针对梯度下降算法存在易早熟的不足，通过引入梯度信息衰减系数对输出权矩阵的求解过程进行优化。

设梯度信息衰减系数为 $\mu$，则此时在第 $r+1$ 轮次学习后网络输出权矩阵 $v(r+1)$ 可表示为

$$v(r+1) = v(r) + \mu^r \rho \frac{\partial E(r)}{\partial v(r)} \qquad (8\text{-}23)$$

通常取 $\mu = 0.95$，由上式可知，受梯度信息衰减系数的影响，在求解过程中随着训练轮次的增加，梯度信息在进化中的作用逐渐降低，而进化信息的作用相对得到了增强，这样该算法能够在前期求解过程中对参数空间进行广泛探索，而在后期能对局部区域进行细致搜索，因而通过引入梯度信息衰减系数可避免早熟现象，使其具有更好的收敛性。

# 8.3　基于不变函数的缺陷二维轮廓重构

## 8.3.1　缺陷轮廓重构问题描述

脉冲涡流缺陷轮廓重构是指由已知的脉冲涡流缺陷检测信号获取缺陷几何轮廓的过程。然而，在实际脉冲涡流检测中，被测缺陷的形状多种多样，而缺陷轮廓重构通常属于不适定问题，难以得到实际缺陷轮廓与检测信号之间准确的对应关系，因而在对缺陷轮廓进行重构时，为得到检测信号与缺陷轮廓的对应关系，通常将裂纹缺陷等效为规则的矩形模型[12]。图 8-5 所示为二维矩形缺陷轮廓示例，假设矩形缺陷的长度为无限长，则此时可以用截面中缺陷的二维轮廓表示该缺陷的信息，如图 8-5 中粗线所示。

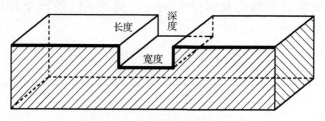

图 8-5　二维矩形缺陷轮廓示例

要实现脉冲涡流检测的缺陷二维轮廓重构，须首先建立缺陷二维轮廓的数学表达式。以矩形缺陷为例，首先确定缺陷位置及坐标如图 8-6 所示。

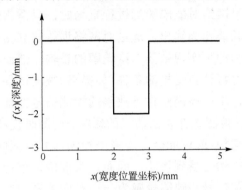

图 8-6　缺陷位置的空间坐标

此时可采用函数 $f(x)$ 表示图中所示缺陷二维轮廓曲线，其中 $x$ 为缺陷宽度位置的坐标，函数 $f(x)$ 的值为缺陷垂直位置的坐标，即缺陷深度。对图中缺陷轮廓曲线进行离散化，设缺陷宽度位置方向上的采用点数为 $N$，则缺陷的二维轮廓可表示为

$$f(x) = [f(1), f(2), \cdots, f(N)] \tag{8-24}$$

式中，函数向量的每一个元素对应一个轮廓采样点，元素值代表缺陷的深度。

在脉冲涡流缺陷轮廓重构中，脉冲涡流检测信号可表示为向量形式，即

$$\boldsymbol{B}_n = [B_1, B_2, \cdots, B_L] \tag{8-25}$$

式中，$L$ 为检测信号的采样点数。

采用神经网络法对缺陷二维轮廓重构过程的示意图如图 8-7 所示，通过神经网络将脉冲涡流信号映射成缺陷的二维轮廓。神经网络的输入为脉冲涡流缺陷检测信号 $\boldsymbol{B}_n$，输出为缺陷的二维轮廓向量 $f(x)$。

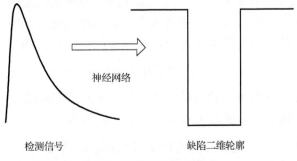

图 8-7　缺陷二维轮廓重构示意图

## 8.3.2　重构算法

当采用径向基神经网络对缺陷轮廓进行重构时，只需将缺陷检测信号作为网络的输入，缺陷二维轮廓作为输出，通过对网络训练建立由检测信号到缺陷轮廓的非线性映射关系模型即可实现缺陷二维轮廓的重构。然而，由前述研究可知，脉冲涡流缺陷检测信号特征会受检测条件（如提离、被测试件属性等）变化的影响，即当缺陷尺寸相同时，不同检测条件下缺陷的检测信号特征会存在一定的差异。在实际检测中，由于受被测试件表面情况的影响，检测时提离会发生一定的变化，此时对缺陷轮廓进行重构，就可能会出现多个检测信号对应同一缺陷轮廓的问题，缺陷轮廓重构的精度必然会受到影响。因而，为准确地重构缺陷轮廓，应采用径向基神经网络建立检测信号与缺陷轮廓为一一对应关系的非线性映射关系模型。

设 $X_A(H,L,\delta)$ 和 $X_B(H,L,\delta)$ 为能够表征同一缺陷参数的两个不同特征量，其中 $H$ 为缺陷的深度，$L$ 为缺陷的宽度，$\delta$ 为与检测条件有关的参数。设存在一个不变函数 $f$ 使 $X_A$ 与 $X_B$ 满足：

$$f\{X_A(H,L,\delta), X_B(H,L,\delta)\} = T(H,L) \tag{8-26}$$

式中，$T(H,L)$ 为仅与被测缺陷参数有关的函数。

为求得满足上式的不变函数，设存在两函数 $J_1$ 和 $J_2$，满足：

$$T(H,L) \cdot J_1(X_A) = J_2(X_B) \tag{8-27}$$

可得

$$f(X_A, X_B) = J_2(X_B) \cdot J_1^{-1}(X_A) = T(H,L) \tag{8-28}$$

因此，若能求得满足式(8-27)的函数 $J_1$、$J_2$ 和 $T$，即可得到所求不变函数 $f$，进而可建立不同特征量与缺陷参数为一一对应关系的非线性映射关系模型。

由于函数 $T$ 仅与被测缺陷参数有关，可将 $T$ 定义为缺陷的二维轮廓函数；函数 $J_1$ 可根据信号的特征来定义，为突出不同信号特征的差异，当检测信号数值变化范围较小时，可将 $J_1$ 定义为指数函数；在脉冲涡流检测中，峰值及峰值时间是脉冲涡流差分检测信号常用的两个特征，因此将 $J_1$ 定义为

$$J_1\{X_A(H,L,\delta)\} = e^p + e^\tau \tag{8-29}$$

式中，$p$ 为脉冲涡流差分检测信号的峰值，$\tau$ 为峰值时间。

当 $T$ 与 $J_1$ 确定后，函数 $J_2$ 可通过求解下式得到：

$$J_2\{X_B(H_i,L_j,\delta_k)\} \cdot J_1^{-1}\{X_A(H_i,L_j,\delta_k)\} = T(H_i,L_j) \tag{8-30}$$

式中，$i = 1,2,3,\cdots,m$；$j = 1,2,3,\cdots,n$；$k = 1,2,3,\cdots,p$。当缺陷尺寸及检测条件不

同时，通过选取适当的函数形式，使式 (8-30) 存在唯一解的 $J_2$ 即为所求函数。

当将 $J_2$ 选为径向基神经网络时，根据上述分析可知，通过将脉冲涡流缺陷检测信号作为 $J_2$ 的输入，即可建立检测信号与缺陷轮廓一一对应的非线性映射关系模型，以实现不同检测条件下的缺陷轮廓重构。此时，不变函数 $f$ 可表示为

$$f = \frac{J_2(X_B)}{e^p + e^\tau} = T(H, L) \tag{8-31}$$

式中，$J_2$ 为径向基神经网络，$X_B$ 为缺陷检测信号。由式 (8-31) 可知，将缺陷检测信号作为网络的输入量，通过计算差分检测信号的峰值及峰值时间即可建立由检测信号到缺陷轮廓的非线性映射关系模型，对于同一缺陷轮廓，由于不同检测条件下检测信号峰值及峰值时间特征不同，因而该方法能降低检测条件变化对缺陷轮廓重构的影响。

综合上述理论可知，在脉冲涡流缺陷轮廓重构过程中，由检测信号重构缺陷二维轮廓的具体表达式为

$$J_2(X_B) = T(H, L) \cdot (e^p + e^\tau) \tag{8-32}$$

在求解过程中，为使 $J_2$ 存在唯一解，采用不同检测条件下缺陷的差分检测信号作为 $J_2$ 的特征输入量对式 (8-32) 进行训练，当 $J_2$ 各系数确定后，将未经训练的差分检测信号作为网络的输入量，经求解式 (8-32) 即可重构出被测缺陷的二维轮廓。

## 8.4　实验与分析

### 8.4.1　数据样本库的建立

建立由缺陷检测信号到缺陷轮廓的非线性映射关系模型，需首先建立能正确反映二者关系的数据样本库。由于实测数据成本高，且缺陷尺寸变化范围受限，因此，采用人工缺陷的实验信号与前述所提解析法计算得到的理论信号共同构建样本库。

实验数据由检测人工缺陷的标准试件得到。被测标准试件为铝，其长度为 250mm，宽度为 100mm，厚度为 10mm，在试件上人为加工了一系列矩形缺陷，采用脉冲涡流实验系统对缺陷进行检测，经降噪处理后得到实验数据，实验中传感器提离高度为 1mm，同时为检验检测条件变化时所提方法的有效性，以提离变化为例展开研究，为此实验还提取了传感器提离高度为 2mm 时部分缺陷的检测信号。实验中部分被测试件如图 8-8 所示。

图 8-8　实验被测试件

　　由于实验信号与理论计算信号采样点数不同，为便于计算将信号样本归一化为每组数据 800 个采样点。为了检验重构的精度，检验样本和训练样本互不重叠，即检验时不选用训练中已经采用的样本。在构建数据样本库时，所用缺陷宽度取值范围为 1.5～3.0mm，深度取值范围为 2.0～5.0mm。样本库共包含 60 组数据，其中 50 组数据对应的提离值为 1mm，10 组数据对应的提离值为 2mm，数据样本库中检测信号对应缺陷的尺寸如表 8-1 和表 8-2 所示。表中序号前加*表示实验采集样本。

表 8-1　提离值为 1mm 时缺陷样本数据库

| 序号 | 宽度/mm | 深度/mm | 序号 | 宽度/mm | 深度/mm |
|---|---|---|---|---|---|
| *1 | 1.5 | 2.0 | 14 | 1.75 | 5.0 |
| 2 | 1.5 | 2.5 | *15 | 2.0 | 2.0 |
| *3 | 1.5 | 3.0 | 16 | 2.0 | 2.5 |
| 4 | 1.5 | 3.5 | *17 | 2.0 | 3.0 |
| *5 | 1.5 | 4.0 | 18 | 2.0 | 3.5 |
| 6 | 1.5 | 4.5 | *19 | 2.0 | 4.0 |
| 7 | 1.5 | 5.0 | 20 | 2.0 | 4.5 |
| 8 | 1.75 | 2.0 | 21 | 2.0 | 5.0 |
| 9 | 1.75 | 2.5 | 22 | 2.25 | 2.0 |
| 10 | 1.75 | 3.0 | 23 | 2.25 | 2.5 |
| 11 | 1.75 | 3.5 | 24 | 2.25 | 3.0 |
| 12 | 1.75 | 4.0 | 25 | 2.25 | 3.5 |
| 13 | 1.75 | 4.5 | 26 | 2.25 | 4.0 |

续表

| 序号 | 宽度/mm | 深度/mm | 序号 | 宽度/mm | 深度/mm |
|------|---------|---------|------|---------|---------|
| 27 | 2.25 | 4.5 | 39 | 2.75 | 3.5 |
| 28 | 2.25 | 5.0 | 40 | 2.75 | 4.0 |
| *29 | 2.5 | 2.0 | 41 | 2.75 | 4.5 |
| 30 | 2.5 | 2.5 | 42 | 2.75 | 5.0 |
| *31 | 2.5 | 3.0 | *43 | 3.0 | 2.0 |
| 32 | 2.5 | 3.5 | 44 | 3.0 | 2.5 |
| *33 | 2.5 | 4.0 | *45 | 3.0 | 3.0 |
| 34 | 2.5 | 4.5 | 46 | 3.0 | 3.5 |
| 35 | 2.5 | 5.0 | *47 | 3.0 | 4.0 |
| 36 | 2.75 | 2.0 | 48 | 3.0 | 4.5 |
| 37 | 2.75 | 2.5 | 49 | 3.0 | 4.75 |
| 38 | 2.75 | 3.0 | 50 | 3.0 | 5.0 |

**表 8-2　提离值为 2mm 时缺陷样本数据库**

| 序号 | 宽度/mm | 深度/mm | 序号 | 宽度/mm | 深度/mm |
|------|---------|---------|------|---------|---------|
| *1 | 1.5 | 3.0 | *6 | 2.5 | 3.0 |
| *2 | 1.5 | 4.0 | *7 | 2.5 | 4.0 |
| *3 | 2.0 | 3.0 | *8 | 3.0 | 2.0 |
| *4 | 2.0 | 4.0 | *9 | 3.0 | 3.0 |
| *5 | 2.5 | 2.0 | *10 | 3.0 | 4.0 |

## 8.4.2　重构结果及分析

　　为验证基于不变函数缺陷二维轮廓重构方法的有效性，将脉冲涡流缺陷检测信号作为式(8-32)中径向基神经网络的输入，缺陷的二维轮廓函数 $T(H,L)$ 作为输出，并将各检测信号峰值及峰值时间代入式(8-32)后对神经网络进行训练，建立由脉冲涡流检测信号到缺陷轮廓的非线性映射关系模型。待网络训练完成后，将测试样本分别送入网络即可重构得到待测缺陷的二维轮廓。图 8-9 所示为不同缺陷轮廓重构的结果。

　　由图 8-9 重构结果可以看出，基于不变函数的缺陷二维轮廓重构方法能很好地实现脉冲涡流缺陷轮廓的重构，具有较好的泛化能力。为进一步对比验证该方法的性能，实验在忽略提离变化影响的情况下采用本章所构造的径向基神经网络对缺陷二维轮廓进行重构，即在对缺陷轮廓进行重构时，将不同提离条件下的脉冲涡流缺陷检测信号作为式 $J_2(X_B) = T(H,L)$ 的输入量对网络进行训练，而后再将测试样本作为网络输入量求得其对应的缺陷轮廓；此外，实验还采用文献[13]算法对缺陷二维轮廓进行了重构。在对缺陷轮廓进行重构时，缺陷宽度越小，其重构的难度越大[14]，因此，为更有效地说明各方法的性能，将宽为 1.5mm 深为 2.0mm 的缺陷作为对象进行重构。图 8-10 给出了不同方法的重构结果。同时图 8-11 给出了不同方法重构结果的误差曲线。

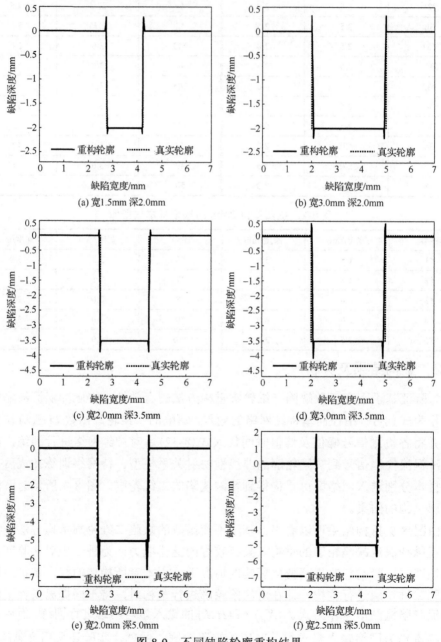

图 8-9　不同缺陷轮廓重构结果

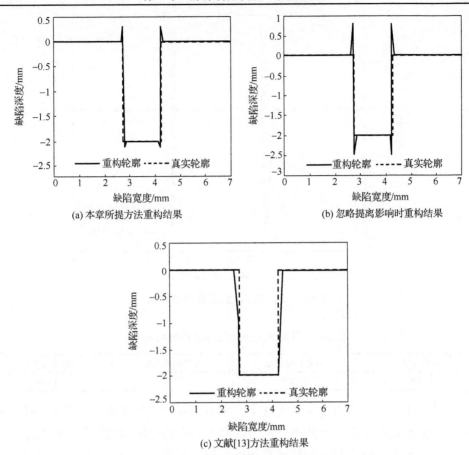

图 8-10 不同方法的重构结果

在图 8-11 中误差 $E$ 计算公式如下：

$$E = f - \hat{f} \tag{8-33}$$

式中，$f$ 为缺陷的真实轮廓；$\hat{f}$ 为重构得到的缺陷轮廓。

由图 8-10 和图 8-11 可知，以上三种方法均能得到缺陷的轮廓，然而各方法重构的精度却存在一定的差别。为进一步定量分析各方法的重构效果，引入均方根误差(Root Mean Square Error，RMSE)作为评价指标，其表达式为

$$\text{RMSE} = \sqrt{\frac{1}{N} \sum_{i=1}^{N} (Z(i) - \hat{Z}(i))^2} \tag{8-34}$$

式中，$Z$ 为实际缺陷轮廓序列；$\hat{Z}$ 为重构得到的缺陷轮廓序列；$N$ 为序列的样本点数。各方法缺陷重构的均方根误差如表 8-3 所示。

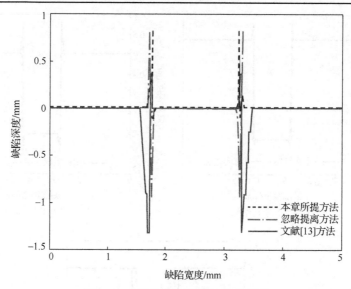

图 8-11　不同方法的重构误差曲线

表 8-3　不同方法重构结果的均方根误差

| 重构方法 | 本章所提方法 | 忽略提离方法 | 文献[13]方法 |
|---|---|---|---|
| 均方根误差 | 0.0674 | 0.1017 | 0.1884 |

　　由表 8-3 可知，在上述三种方法中，本章所提方法的重构误差最小，由此表明基于不变函数的缺陷二维轮廓重构方法具有较高的精度和较好的泛化性能，可有效降低检测条件变化对缺陷轮廓重构的影响。这是因为对缺陷轮廓重构的本质是建立一种由检测信号到缺陷轮廓的非线性映射关系模型，而当提离值不同时，相同尺寸缺陷的检测信号特征存在一定的差别，当忽略提离变化影响时，会存在多个检测信号对应同一缺陷轮廓的问题，此时缺陷轮廓重构的精度必然会受影响；而基于不变函数的缺陷轮廓重构方法采用了不同特征量对缺陷轮廓进行重构，克服了不同提离条件下缺陷轮廓重构时多个检测信号对应同一缺陷轮廓的不足，因而此时缺陷轮廓重构的精度较高。此外，由表 8-3 还可以看出，在忽略提离变化影响的情况下，采用本章所构造的径向基神经网络对缺陷轮廓进行重构时仍具有较高的精度。这是因为本章在构造径向基神经网络时，首先确定了合理的隐层神经元数量，从而降低了网络结构对重构结果的影响，此外，在采用混合学习算法求解网络参数时，还通过引入梯度信息衰减系数对学习过程进行了优化，因而本章所构造的径向基神经网络具有较好的重构性能。

　　为研究基于不变函数的重构算法对噪声的鲁棒性，在信号中加入不同程度的高斯噪声，表 8-4 给出了不同信噪比下宽度为 1.5mm 深度为 2.0mm 缺陷重构结果的均方根误差。同时，图 8-12 给出了信噪比分别为 15dB、10dB 和 5dB 时的重构误差曲线。

表 8-4　不同信噪比下的重构均方根误差

| 信噪比/dB | 25 | 20 | 15 | 10 | 5 |
|---|---|---|---|---|---|
| 均方根误差 | 0.1362 | 0.2034 | 0.2666 | 0.3049 | 0.3593 |

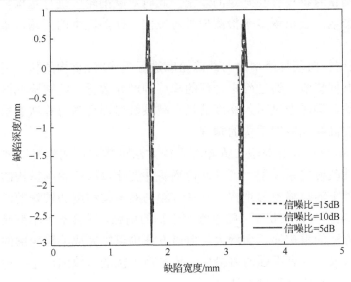

图 8-12　不同信噪比下的重构误差分布

　　由上述结果可以看出，在一定的噪声干扰下，该方法仍可以完成缺陷轮廓的重构，但随着噪声干扰的增强，重构结果的均方根误差会增大，重构效果变差。

　　综上所述，本章所提出的基于不变函数的脉冲涡流缺陷二维轮廓重构方法不仅能降低检测条件变化对重构的影响，准确地实现缺陷轮廓的重构，而且具有较强的抗噪声干扰能力，是一种有效可行的脉冲涡流缺陷二维轮廓重构方法。

## 8.5　本 章 小 结

　　首先介绍了径向基函数神经网络的基本理论，提出了采用主成分分析法确定隐含层神经元数量的计算方法，介绍了隐含层神经元数量的计算步骤，随后阐述了采用混合聚类算法进行网络学习的过程，并针对混合聚类算法中存在易早熟的不足，通过引入梯度信息衰减系数对输出权矩阵的求解过程进行了优化，使得混合聚类算法具有更好的收敛性。其次通过引入表征脉冲涡流差分检测信号峰值及峰值时间的两个常用特征，采用径向基神经网络构造了用于重构缺陷轮廓的不变函数。最后将脉冲涡流缺陷检测信号作为网络的输入，缺陷的二维轮廓图像作为输出，建立了由缺陷检测信号到缺陷轮廓一一对应的非线性映射关系模型，在降低检测条件变化影响的情况下实现了缺陷二维轮廓的准确重构。通过理论分析和实验研究可得如下结论。

(1)在脉冲涡流检测中，当检测条件(如提离、被测试件属性等)变化时相同尺寸缺陷的检测信号特征存在一定的差别，此时对缺陷轮廓进行重构，若忽略检测条件变化的影响，会出现多个检测信号对应同一缺陷轮廓的问题，重构的精度会受到影响。

(2)在采用径向基神经网络对缺陷轮廓进行重构时，重构的精度受网络结构及学习算法的共同影响，通过确定合理的隐层神经元数量，能够降低网络结构对重构精度的影响，同时通过引入梯度信息衰减系数对混合学习算法的求解过程进行优化可有效提高缺陷轮廓重构的精度。

(3)基于不变函数的缺陷二维轮廓重构方法可建立检测信号与缺陷轮廓一一对应的非线性映射关系模型，可降低检测条件变化对缺陷轮廓重构的影响，实现不同检测条件下的缺陷轮廓重构，且具有较高的重构精度和较好的泛化性能。

(4)在一定的噪声干扰下，随着噪声干扰的增强，尽管基于不变函数的缺陷二维轮廓重构方法的重构误差会增大，但该方法仍可以完成缺陷轮廓的重构，由此可知该方法对噪声具有很强的鲁棒性，抗噪声干扰能力较强，是一种有效可行的脉冲涡流缺陷二维轮廓重构方法。

## 参 考 文 献

[1] 苑希超, 王长龙, 王建斌. 基于贝叶斯估计的漏磁缺陷轮廓重构方法研究[J]. 兵工学报, 2012, 33(1):116-120.

[2] Gabriel P, Bogdan C, Florea I H, et al. Nonlinear FEM-BEM formulation and model-free inversion procedure for reconstruction of cracks using pulse eddy currents[J]. IEEE Transactions on Magnetics, 2002, 38(2):1241-1244.

[3] Gabriel P, Florea I H. Nonlinear integral formulation and neural network-based solution for reconstruction of deep defects with pulse eddy currents[J]. IEEE Transactions on Magnetics, 2014, 50(2):113-116.

[4] 钱苏敏, 左宪章, 张云, 等. 基于改进 PSO-LSSVM 的脉冲涡流缺陷二维轮廓重构[J]. 仪表技术与传感器, 2013, (8):99-102.

[5] 田建辉. 火炮身管指向控制中的非线性问题研究[D]. 南京: 南京理工大学, 2011.

[6] 南东. RBF 和 MLP 神经网络逼近能力的几个结果[D]. 大连: 大连理工大学, 2007.

[7]　张新贵, 武小悦. 基于 RBFNN 自适应混合学习算法的航天测控系统任务可靠性分配[J]. 航空动力学报, 2012, 27(8):1758-1764.

[8]　Moody J, Darken C. Fast learning in networks of locally-tuned processing units[J]. Neural Computation, 1989, 1(2):281-294.

[9]　Karayiannis N B. Reformulated radial basis neural networks trained by gradient descent[J]. IEEE Transactions on Neural Networks, 1999, 10(3):657-671.

[10]　Chen S, Cowant C F N, Grant P M. Orthogonal least squares learning algorithm for radial basis function networks[J]. IEEE Transactions on Neural Networks, 1991, 2(2): 302-309.

[11]　阮晓钢. 自组织径向基网络及其混合学习算法[J]. 北京工业大学学报, 1999, 25(2): 31-37.

[12]　王长龙, 陈自力, 马晓琳. 漏磁检测的缺陷可视化技术[M]. 北京: 国防工业出版社, 2014.

[13]　Gabriel P, Florea I H. Nonlinear integral formulation and neural network-based solution for reconstruction of deep defects with pulse eddy currents[J]. IEEE Transactions on Magnetics, 2014, 50(2):7002604.

[14]　徐超, 王长龙, 孙世宇, 等. 双小波神经网络迭代的漏磁缺陷轮廓重构技术[J]. 兵工学报, 2012, 33(6):730-735.

# 彩　　图

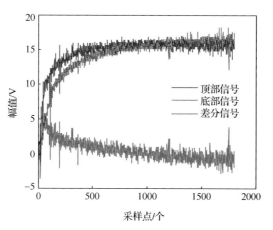

图 5-8　原始脉冲涡流检测信号

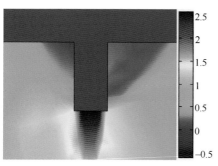

(a)感应涡流场分布

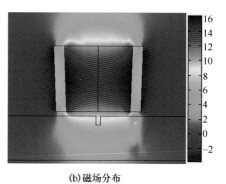

(b)磁场分布

图 6-4　仿真结果

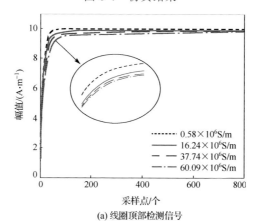

(a) 线圈顶部检测信号

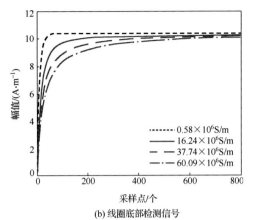

(b) 线圈底部检测信号

图 6-13　电导率不同时缺陷检测信号

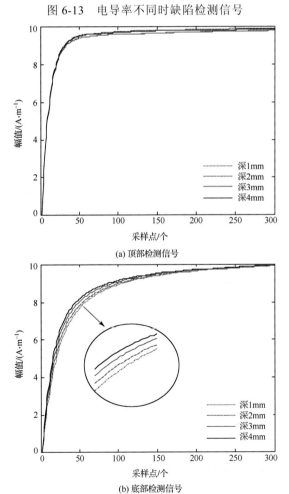

(a) 顶部检测信号

(b) 底部检测信号

图 7-1　不同深度缺陷的检测信号

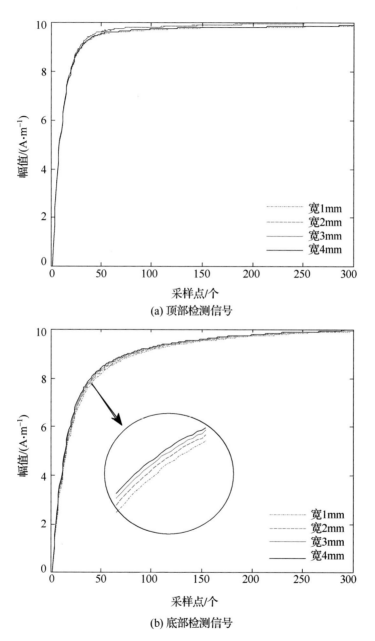

(a) 顶部检测信号

(b) 底部检测信号

图 7-5　不同宽度缺陷的检测信号

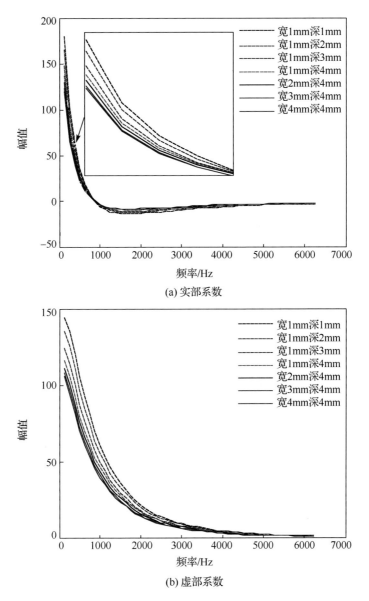

(a) 实部系数

(b) 虚部系数

图 7-9　不同缺陷检测信号谐波实部与虚部系数

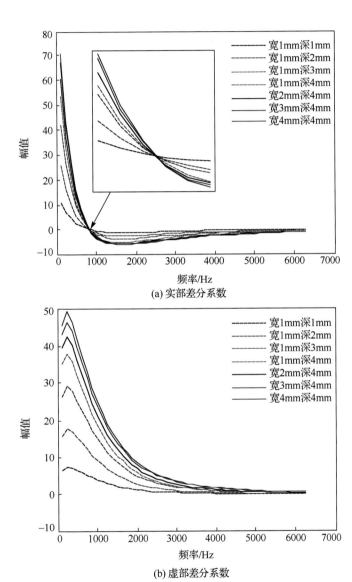

(a) 实部差分系数

(b) 虚部差分系数

图 7-10　不同缺陷检测信号谐波实部与虚部差分系数

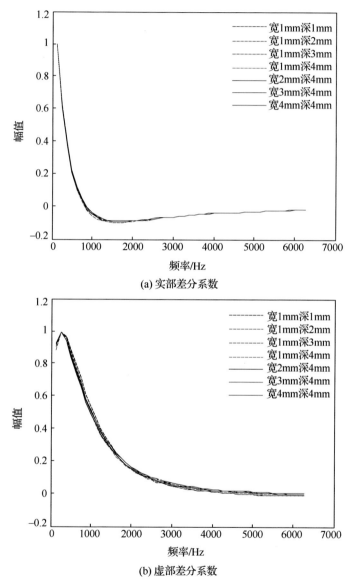

(a) 实部差分系数

(b) 虚部差分系数

图 7-11  不同缺陷检测信号谐波实部与虚部归一化差分系数